La biodiversité : avec ou sans l'homme ?

Réflexions d'un écologue sur la protection de la nature en France

Christian Lévêque

Éditions Quæ
RD 10
78026 Versailles Cedex, France

© Éditions Quæ, 2017
ISBN : 978-2-7592-2687-0

Le Code de la propriété intellectuelle interdit la photocopie à usage collectif sans autorisation des ayants droit. Le non-respect de cette disposition met en danger l'édition, notamment scientifique, et est sanctionné pénalement. Toute reproduction, même partielle, du présent ouvrage est interdite sans autorisation du Centre français d'exploitation du droit de copie (CFC), 20 rue des Grands-Augustins, Paris 6ᵉ.

Cet ouvrage est dédié à Suzanne Mériaux, membre éminent de l'Académie d'agriculture qui fut la première femme à présider cette compagnie en 1997. Scientifique de grande valeur et à l'esprit curieux, toujours prête à relever de nouveaux défis, elle se passionnait aussi pour la poésie. C'était toujours un véritable plaisir que de s'entretenir avec cette femme d'exception qui nous manque beaucoup.

« C'est une longue histoire
Il a fallu que l'homme avance
Qu'il émerge de tous ces vivants
Et qu'il arrive à dire
Un peu de la beauté des choses
Et de l'amour qui l'habite
Il a fallu du temps
Pour que le feu s'allume
À l'orient du monde. »

Suzanne Mériaux, *Dans la chair du monde*,
L'Harmattan, 2012.

L'Académie d'agriculture et la transmission du savoir

Fondée en 1761 sous Louis XV, l'Académie d'agriculture de France, placée sous la protection du président de la République, est une des plus anciennes sociétés savantes de notre pays. Elle réunit en son sein des personnalités éminentes, françaises et étrangères, issues de la recherche, de la haute administration et du monde professionnel, recrutées en fonction de leurs compétences et de leur expérience dans les domaines de l'agriculture, de l'alimentation, de la forêt et de l'environnement.

Au sein de ses dix sections thématiques et de ses vingt groupes de travail transversaux, l'Académie d'agriculture conduit des réflexions approfondies sur les différents sujets de ses domaines de compétence. Par ses rapports et ses avis, par les débats qui ont lieu lors de ses séances publiques hebdomadaires et lors des nombreux colloques qu'elle organise, elle a pour objectif d'expliquer les enjeux techniques, économiques, sociaux et environnementaux des évolutions de l'agriculture, de l'alimentation et de l'espace rural et forestier.

Elle s'intéresse en particulier aux moyens de produire mieux et plus pour nourrir les hommes, aux modalités d'adaptation de la gestion des écosystèmes agricoles et forestiers aux changements globaux, à l'intégration des politiques agricoles, environnementales et territoriales, aux débats sur le progrès technique et l'innovation et leur acceptabilité par la société.

En se positionnant à l'interface de la science et de la société, elle s'est fixé comme mandat d'éclairer les citoyens et les décideurs sur les évolutions actuelles et futures dans les domaines de l'agriculture, de l'alimentation et de l'environnement. À ce titre, elle publie sur son site internet, www.academie-agriculture.fr, les résultats de ses travaux, qui constituent des analyses objectives et des synthèses, assises sur les connaissances scientifiques les plus solides.

Afin de compléter les moyens de la transmission des connaissances, un des fondements essentiels de son existence, il est apparu utile de publier, sous forme de livres parrainés par l'Académie d'agriculture, certains des travaux collectifs émanant des réflexions de ses groupes de travail, ou que des académiciens ont conduits.

L'ouvrage que vous avez entre les mains en fait partie.

Le Secrétaire perpétuel

Gérard Tendron

Faire rayonner la production littéraire et scientifique de l'Académie d'agriculture de France

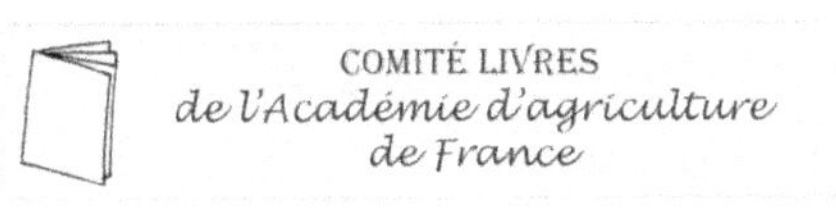

Le Comité Livres de l'Académie d'agriculture de France a pour objectif de mettre en œuvre une démarche d'édition d'ouvrages de l'Académie. Il est l'interface avec les maisons d'édition qui ont accepté de publier des ouvrages labellisés ou des collections d'ouvrages de l'Académie. Le partenariat avec les éditions Quæ s'inscrit dans ce cadre.

L'objectif est de faire rayonner l'Académie à travers la production littéraire et scientifique des auteurs. Le Comité examine les propositions de publications que les académiciens lui soumettent dans une volonté d'accompagnement des projets. Il peut s'agir de travaux collectifs que les groupes de réflexions de l'Académie ont menés, mais aussi du fruit de la pensée synthétique d'un académicien. Ici, celle de notre confrère Christian Lévêque, écologue et hydrobiologiste mondialement connu, spécialiste de la biodiversité et des milieux aquatiques, en particulier les eaux continentales, les lacs et les rivières tropicales et leurs écosystèmes.

Les ouvrages parrainés par l'Académie sont guidés par la volonté de diffuser la connaissance à partir d'analyses scientifiques rigoureuses, mais néanmoins accessibles au plus grand nombre.

Placé sous les auspices de la pluridisciplinarité, le Comité Livres de l'Académie est composé d'académiciens dont les spécialités présentent un large éventail de champs de compétences disciplinaires (sciences et techniques, sciences agronomiques et du vivant, sciences sociales et humaines, économie et gestion) et des parcours professionnels diversifiés au sein de la recherche, de l'enseignement supérieur, de l'industrie, de l'administration ou de la communication.

En font partie : Mmes Noëlle Dorion et Catherine Regnault-Roger (section Productions végétales), Nadine Vivier (section Sciences humaines et sociales) et MM. Jean-Louis Bernard et Jean-François Colomer (section Agrofournitures), Christian Férault (section Économie et Politique), Léon Guéguen (section Interactions milieux-êtres vivants), Jean-François Morot-Gaudry et Jean-Claude Pernollet (section Sciences de la vie), Philippe Kim-Bonbled, Inspecteur général chargé de la Coordination de la communication à l'Académie.

Il est présidé par Mme Catherine Regnault-Roger, et les directeurs délégués de l'Académie auprès des éditions Quæ sont MM. Jean-François Morot-Gaudry et Jean-Claude Pernollet.

Paris, 22 mars 2017

http://www.academie-agriculture.fr/academie/groupes-de-travail/petits-livres-de-lacademie

Sommaire

Avant-propos

Avant toute chose, mettons les choses au point. Tout ne va pas pour le mieux dans ce bas monde où la cohabitation entre l'homme et ce que nous appelons nature ou biodiversité, pose un certain nombre de problèmes de nature éthique, économique et sanitaire ! Et il est évident qu'il y a eu de nombreux excès dans l'exploitation de la nature et de la biodiversité, excès qui ont été largement dénoncés. Dont acte… Mais si l'on veut réfléchir sérieusement aux possibilités d'améliorer les relations homme-nature, il faut retrouver un peu de bon sens et éviter d'en faire un enjeu idéologique où les croyances et les idées reçues prennent le pas sur la réalité des faits observés.

Car la biodiversité est devenue un phénomène de société qui voit s'affronter différents groupes sociaux porteurs de visions contrastées de la nature et de la manière de concevoir les relations entre les sociétés humaines et le monde vivant. Chacun de ces groupes sociaux cherche à imposer ses vues et développe des arguments à l'appui de sa vision du monde, dont certains sont pertinents alors que d'autres relèvent d'idées préconçues, de scoop médiatiques, ou tout simplement de croyances. Chacun fait son marché dans les connaissances acquises et utilise l'information qui lui convient tout en passant sous silence celle qui ne conforte pas les idées qu'il défend. C'est ce que j'ai appelé le « tri sélectif », alors que Bronner (2013) parle du « biais de confirmation ». En réalité, c'est bien au travers du filtre des représentations, elles-mêmes influencées par notre vécu et notre culture, que nous voyons et interprétons le monde qui nous entoure. Il en résulte que la nature des uns n'est pas la nature des autres, et qu'il est souvent difficile d'accorder les points de vue.

De nos jours, la pensée « politiquement correcte » en matière de biodiversité véhicule essentiellement l'idée selon laquelle l'homme détruirait la nature, mettant ainsi en danger sa propre existence. On peut la résumer comme suit : « La biodiversité décline à un rythme sans précédent sur la Terre, ce qui menace la survie même de l'espèce humaine. Et, paradoxe, ce sont les hommes eux-mêmes qui sont responsables de ce formidable déclin planétaire » (Frady et Medail, 2006). La messe est dite, et personne ne se risque à questionner la validité ni la légitimité de tels propos qui relèvent plutôt du discours incantatoire que de la démarche scientifique basée sur l'observation. La pensée unique s'accommode mal de ceux qui questionnent les pseudo-certitudes constituant le fonds de commerce de mouvements dits militants, mais aussi de certains scientifiques.

Dans cet esprit, il est de bon ton, dans les milieux intellectuels, de dénoncer les exactions de l'homme sur la nature. « L'homme est apparu comme un ver dans un fruit, comme une mite dans une balle de laine, et a rongé son habitat en sécrétant des théories pour justifier son action », disait Jean Dorst qui fut en son temps directeur du Muséum de Paris. Certains se délectent apparemment de cette apologie du pouvoir de nuisance de l'homme, qui est largement relayée par certains mouvements militants et par les médias. La liste des exactions de l'homme sur la nature figure en bonne place dans tous les travaux qui traitent de la biodiversité : destruction des habitats, pollutions diverses, espèces invasives, surexploitation, etc. Il n'y a aucun doute que ces diverses activités ont un impact sur les systèmes écologiques. Mais ce qui est irritant, pour un scientifique, c'est que, dans ce domaine comme dans d'autres, on tient un discours typiquement manichéen et uniquement à charge, souvent déconnecté des attentes des citoyens…

Je le dis tout net, je ne m'inscris pas dans cette démarche de dénigrement systématique de l'espèce humaine, même si j'ai bien conscience que tout ne va pas pour le mieux et qu'il y a des excès évidents. Je ne m'inscris pas non plus dans le corollaire qui est : pour protéger la nature il faut en exclure les hommes. Question de déontologie… Mais cette idéologie est présente de manière insidieuse dans de nombreux discours militants, politiques ou scientifiques qui ne parlent que de manière négative des impacts de l'homme sur son environnement. Pas un mot sur le fait que l'homme doit aussi se protéger de la nature. Ce serait déplacé ? Pas un mot non plus, et c'est à ce niveau un déni de réalité, sur le fait que les systèmes écologiques créés par l'homme, dont nos milieux ruraux, sont l'archétype de la nature pour beaucoup de citoyens.

Une certaine logique – qui n'est pas apparemment partagée par tous – voudrait que, dans la balance, on réunisse aussi bien les preuves à charge que les preuves à décharge… C'est-à-dire que l'on aborde sans idée préconçue les rapports de l'homme à la nature. Il ne s'agit pas de dire que tout va bien, mais d'avoir un regard moins systématiquement négatif sur le rôle de l'homme. Il s'agit de retrouver un peu de bon sens et de sortir des discours stéréotypés, du « prêt à penser » qui nous est actuellement imposé et qui nous mène à des impasses.

Afin de ne pas tout mélanger, comme le font beaucoup d'ONG devenues expertes dans l'art de diffuser des informations alarmistes à partir de généralisations hâtives tirées de la manipulation d'exemples disparates, je vous invite à limiter le propos au territoire métropolitain et à l'Europe. Nous ne sommes ni à Bornéo ni en Amazonie. On ne peut pas continuer à développer des discours « patchworks » illustrés par des exemples déconnectés de leur contexte. La biodiversité, la nature, les sociétés humaines sont contingentes et il faut se méfier des démarches globales dont on tire des conclusions générales. L'histoire de la biodiversité européenne est bien différente de celle des autres continents sur le plan climatique. Il en est de même pour les relations que nos ancêtres ont entretenues avec cette nature qu'ils ont en partie fabriquée pour répondre à des usages ou pour s'en protéger. C'est sur la base de cette histoire commune qu'il nous faut à la fois tirer un bilan de ces relations et envisager simultanément un futur. Mais un futur commun, pas une réserve indienne ! C'est dans la recherche de compromis qu'il faut progresser, pas en instaurant l'apartheid !

Cette stigmatisation des activités humaines conduit en effet à invoquer systématiquement la destruction de milieux naturels pour invalider tout projet d'aménagement ! Mais de quels milieux « naturels » parle-t-on en métropole ? De ceux que l'homme a créés depuis des millénaires, ou d'hypothétiques milieux qui n'ont jamais existé ? Et qui peut dire que tout projet sera systématiquement catastrophique pour la biodiversité ? L'exemple du lac du Der, discuté plus loin, montre que la destruction d'un milieu de bocage, certes dommageable, a été à l'origine de la création d'une vaste zone humide d'intérêt international. Curieusement, personne ne parle plus de dommage écologique… et c'est même devenu un site Ramsar ! En réalité, on se crispe trop souvent sur la conservation d'un éphémère existant sans trop réfléchir aux futurs possibles. Or, quand on aménage des systèmes écologiques, on gagne et on perd des espèces et des habitats, ce n'est pas à sens unique. Toute la question est de savoir à l'aune de quels critères nous allons juger les systèmes écologiques modifiés, dans une approche dite systémique qui prenne en compte, si possible, l'ensemble des changements, qu'ils soient jugés négatifs ou positifs par nous, les hommes. La nature n'est ni bonne ni mauvaise, mais on peut la percevoir comme telle en fonction de nos attentes et de nos préoccupations. Pour la nature cependant, ces jugements de valeurs n'ont guère de sens.

Christian Lévêque

Introduction

« "Je suis le roi du monde", s'est écrié un farfelu en sautant royalement dans la fosse aux tigres du zoo d'Oklahoma City. L'instant d'après, il abdiquait. »

Pierre Desproges, *Le Petit Reporter*, Seuil, 2001.

Le terme « biodiversité » créé en 1986, est un raccourci des mots biologie et diversité. Pour certains, la biodiversité n'est qu'un avatar du mot « nature » qui nous est plus familier. Mais la notion porte en germe l'idée que l'homme détruit la nature et qu'il est urgent de s'en inquiéter. De fait, biodiversité n'est pas l'équivalent de diversité biologique *sensu stricto*, même si on confond parfois les deux expressions. La diversité biologique s'adresse à la diversité des objets et des processus qui constituent le monde vivant, alors que le terme de biodiversité est porteur des inquiétudes suscitées par l'impact des activités humaines sur la nature. Ce terme a ainsi été utilisé comme un produit d'appel pour attirer l'attention des gouvernements, des décideurs et du grand public, sur la destruction des écosystèmes tropicaux. Il faisait donc référence plus ou moins explicitement à la perte en espèces (l'érosion de la diversité biologique) mais il n'a pas été construit autour d'une hypothèse ou d'une théorie scientifique.

En réalité, l'expression « biodiversité » est ce que l'on appelle un mot-valise. En effet, au-delà de la définition générale (la diversité des espèces, de leurs gènes et des écosystèmes), il n'existe aucune définition stabilisée de la biodiversité qui permette d'en faire un objet scientifique quantifiable. Le rêve de tout technocrate, l'indicateur unique, général et intégral de la biodiversité n'existe pas. Dans l'usage quotidien, l'expression « biodiversité » est surtout employée pour parler de la richesse en espèces[1]. Or la notion d'espèce est l'objet de débats parmi les scientifiques et n'est pas applicable aux microorganismes, qui sont probablement les plus nombreux (voir chapitre 4). Quant aux écosystèmes, ils sont par définition composés d'une partie biotique et d'une partie abiotique (les habitats). Ce qui signifie que la biodiversité, selon la définition la plus large, ne concerne pas que le vivant mais l'ensemble de la biosphère dans toutes ses composantes physiques, chimiques et biologiques. Vaste programme…

Quoi qu'il en soit, le succès du terme « biodiversité » fut foudroyant et le concept se mua rapidement en un problème d'environnement global au même titre que le réchauffement climatique. La biodiversité fait d'ailleurs l'objet d'un traité international

---

1. « Richesse en espèces » est l'expression employée pour désigner le nombre d'espèces.

sous l'égide de l'ONU, la Convention sur la Diversité Biologique (ou CBD), adoptée lors du Sommet de la Terre à Rio en 1992, en même temps que la Convention sur les Changements Climatiques.

On a probablement oublié que la Convention sur la diversité biologique a été l'objet d'un marchandage entre les ONG internationales de conservation de la nature, qui ambitionnaient de devenir officiellement les gendarmes de la nature, avec un droit d'ingérence, et les industriels investis dans les biotechnologies et les ressources génétiques, qui voyaient d'abord dans la biodiversité une manne considérable de gènes et de molécules nouvelles qui pouvaient se monnayer. Les pays ont refusé le droit d'ingérence au nom de leur souveraineté, et la Convention a clairement placé la biodiversité dans le champ économique. L'un des volets âprement discuté est d'ailleurs le protocole APA (Accès et Partage des Avantages) consacré aux ressources génétiques et aux bénéfices tirés de leur exploitation. Mais on en parle beaucoup moins dans les médias que du serpent de mer qu'est l'érosion de la biodiversité.

Par la suite, le terme « biodiversité » a servi de porte-étendard aux scientifiques et aux associations de protection de la nature qui s'inquiétaient de la destruction des écosystèmes sous l'effet des activités humaines. Autour de la question de la biodiversité se sont cristallisés des enjeux de pouvoir et des affrontements idéologiques quant aux représentations de la nature, et au rôle de l'homme dans l'évolution de la biosphère. Le discours médiatique, souvent de nature alarmiste, pousse, quant à lui, à des surenchères, et nombre d'idées reçues ou d'informations sujettes à caution, circulent en permanence (Delord, 2014).

Les nouveaux habits de la biodiversité

« De quelle biodiversité parle-t-on aujourd'hui ? Des ressources et des milieux, on est passé à la biodiversité naturelle ou sauvage, puis à la biodiversité anthropisée ou cultivée, enfin au vivant modifié voire créé par la technoscience. Les questions concernant la biodiversité se sont très rapidement déplacées de la perte d'espèces charismatiques et remarquables à la perte d'espèces ordinaires ; de la perte de diversité agricole et de la thématique de l'épuisement des ressources naturelles aux questions de maîtrise et d'appropriation : manipulation et intégrité du vivant, protection juridique des banques de gènes et de savoirs locaux, etc. Ces déplacements n'ont pas pour autant balayé les premières préoccupations qui restent présentes et non résolues. »

Catherine Aubertin (2005).

Quand le programme Environnement, Vie et Sociétés du CNRS, organisa en l'an 2000 un colloque autour de la question « Quelles natures voulons-nous ? Quelles natures aurons-nous ? » (Lévêque et Van der Leeuw, 2003), il suscita beaucoup de remous dans la communauté des écologues. Il était évident pour ces derniers que la nature, c'était la faune, la flore, et les écosystèmes, et qu'ils étaient seuls légitimes pour en parler. Dire que la nature était une représentation sociale était certes un peu provocateur, mais relevait pour ces mêmes écologues du sacrilège. Et pourtant, de nombreux travaux réalisés depuis ont bien montré l'importance des représentations dans la perception de la nature, rebaptisée maintenant « biodiversité ».

La biodiversité n'est donc pas qu'un ensemble d'objets naturalistes identifiables. Elle est aussi porteuse de valeurs éthiques, esthétiques et morales. Le fait que la biodiversité ne soit pas un concept scientifique n'est pas rédhibitoire en soi. Cette expression joue bien ce rôle de porte-étendard de diverses préoccupations sur l'avenir de notre planète et sur le type de rapport que l'homme entretient avec la nature. Ce qui pose problème c'est que ce mot-valise est une auberge espagnole, dans laquelle chacun projette sa propre vision du monde et de la place de l'homme dans la nature.

Ainsi, les discours de certains mouvements militants, globalisants et réducteurs, n'ont de cesse de stigmatiser la destruction de la nature en tant que conséquences de nos activités économiques. Ils nous annoncent une catastrophe imminente, la sixième extinction massive de la biodiversité, qui entraînerait selon eux la disparition de l'espèce humaine. Cette heuristique de la peur ne repose pas sur des bases sérieuses… mais elle est largement reprise par les médias, avec la caution de certains scientifiques qui ont probablement oublié que le premier commandement de la recherche est de valider ses données !

D'autres mouvements militants nous parlent aussi, ouvertement ou implicitement, d'une nature qui se porterait bien mieux en l'absence de l'homme ! Le *wilderness* nord-américain par exemple est porteur d'une vision romantique d'une nature vierge et sauvage, pleine de beauté et d'harmonie, que nous devons respecter en tant que telle. Mais on a du mal à concevoir que la terre puisse devenir une immense aire protégée… car si la nature peut se passer de l'homme, ce dernier a besoin de la nature pour vivre. Ou alors il faudrait envisager un véritable génocide ? En réalité, on voit poindre dans certains discours d'ONG les relents d'une pensée créationniste qui considère que la nature créée par une puissance supérieure est nécessairement parfaite et immuable, et qu'il faut la protéger comme telle.

D'autres voient dans la nature un ensemble d'objets que l'on peut identifier et décrire. Les scientifiques s'attachent à étudier la composition et le fonctionnement des systèmes écologiques. Mais ils commencent à réaliser les difficultés des inventaires et à remettre en cause des paradigmes qui furent jusque-là dominants, à l'exemple de l'équilibre des systèmes écologiques. Ces derniers s'inscrivent en réalité sur des trajectoires temporelles et spatiales, sans retour en arrière possible, ce qui interpelle les projets de restauration visant à retrouver la flore et la faune de notre enfance ! Et que penser des conséquences du réchauffement climatique ? Exit donc l'équilibre et la résilience, inscrivons-nous dans une perspective de changements sans se crisper sur la protection de l'existant. Pour beaucoup, il est difficile d'admettre que l'avenir est indéterminé et qu'il faudra s'y adapter.

Quant aux économistes, ils voient dans la biodiversité des ressources exploitables, des brevets rémunérateurs, ou des services écologiques qui nous sont rendus gratuitement et qu'il faudrait internaliser dans les calculs économiques… une approche qui laisse peu de place à l'émotionnel, et qui laisse perplexe quant à son application sur le terrain.

Et le citoyen dans tout cela ? On lui demande rarement son avis, car une trilogie de groupes sociaux, dont certains prétendent le représenter (sans aucune légitimité) pour cela, se sont accaparé la problématique de la protection et de la gestion de la nature : les scientifiques, les ONG, les gestionnaires, chacun porteur de visions contrastées mais le plus souvent théoriques et sectorielles du rapport au monde vivant. Or, quand on prend la peine de l'interroger, le citoyen a une vision beaucoup plus pragmatique, qui mêle des considérations éthiques, esthétiques et économiques, mais aussi des besoins de sécurité physique et sanitaire. Le citoyen a une approche beaucoup plus émotionnelle avec la nature, qu'il perçoit comme son cadre de vie, mais aussi comme un patrimoine car, en Europe, la nature est avant tout le produit de l'activité des hommes, ce que certains idéologues ont tendance à oublier.

Sur un plan déontologique, je ne crois pas que l'on puisse continuer à opposer ainsi homme et nature et considérer qu'une bonne nature est une nature sans l'homme. Il y a de bonnes raisons, au contraire, pour que l'on recherche des compromis entre une exploitation inconséquente de la nature et la prise en compte de valeurs esthétiques ou éthiques. Il y a de bonnes raisons économiques pour gérer nos ressources vivantes de manière plus intelligente. Il y a de bonnes raisons esthétiques pour que notre cadre de vie fasse une place de choix à des paysages agréables, et de bonnes raisons éthiques pour, que, au cas par cas, on puisse s'intéresser à la survie et à la conservation d'espèces ou de systèmes écologiques auxquels certains d'entre nous attachent une valeur patrimoniale. Mais il y a aussi de bonnes raisons pour que les hommes cherchent à se protéger des dangers et des nuisances liés à la nature. Si la nature « sauvage » fait rêver, c'est pour le citoyen une nature qui doit être néanmoins contrôlée afin de minimiser les risques. Toutes les enquêtes de terrain convergent autour de ce constat.

Cette recherche de compromis s'inscrit nécessairement dans un processus à long terme de co-adaptation, car la nature change en permanence. On ne peut indéfiniment maintenir le *statu quo* car nous serions vite en décalage. Ce qui pose deux questions de fond : quelles natures voulons-nous ? Et comment passer du paradigme de systèmes à l'équilibre, bien commode pour les gestionnaires, à celui de systèmes écologiques dynamiques dont les trajectoires temporelles et spatiales ne sont pas toujours prévisibles ? Le réchauffement climatique en cours nous oblige à revisiter nos paradigmes et à introduire de la prospective dans tout projet d'aménagement ou de restauration.

À chacun son opinion et ses croyances sur l'origine de la biodiversité et la manière de la conserver. Mais il convient d'être sérieux quand on cherche à mobiliser la société autour de la biodiversité. On ne peut pas continuer à tromper les citoyens en ne présentant que les aspects bucoliques de la biodiversité et en pratiquant l'omerta sur les nuisances qu'elle procure. On ne peut pas présenter systématiquement l'homme comme le destructeur de la biodiversité alors que celle que nous apprécions en métropole doit autant aux activités humaines qu'aux processus spontanés. On ne peut pas continuer à utiliser des concepts périmés et des idées reçues sous couvert de science écologique, en ignorant les nouveaux concepts qui ont émergé. Vous aurez compris ce que cet ouvrage vise à exorciser les groupes de pressions cherchant à imposer leurs fantasmes d'une nature vierge qu'il faudrait retrouver et à protéger des citoyens qui cherchent avant tout à vivre dans un environnement agréable mais sécurisé.

Chapitre 1

Évaluer la diversité biologique, un véritable casse-tête

« Pour moi, je ne m'occupe qu'à planter des arbres, dont je ne verrai pas l'ombrage.
J'ai trouvé que c'était le plus sûr moyen de travailler pour la postérité. »

Voltaire, lettre à Monsieur de Fleurieu, 1765.

Quand on cherche à inventorier la diversité biologique, on se heurte à une difficulté fondamentale : elle est difficile à mesurer et se prête mal à une évaluation quantitative. Une question « technique » peut-être, mais fondamentale, alors qu'on pense souvent que la chose est simple. Pourtant, il est fréquent d'entendre porter des jugements subjectifs du type « les aménagements vont détruire la biodiversité », ou « c'est mauvais pour la biodiversité », ou encore « la restauration va permettre de rétablir la biodiversité ». Mais, concrètement, de quoi parle-t-on ?

Il y a en réalité un grand flou sémantique dans l'emploi du terme « biodiversité ». On l'utilise plus souvent de manière vague et générale sans apporter d'informations précises sur ce que l'on met derrière ce mot. Parle-t-on d'espèces ou d'habitats ? D'un groupe d'espèces (les oiseaux par exemple), ou de quelques groupes, ou (mais c'est rarement le cas) de l'ensemble des groupes animaux et végétaux présents dans un endroit donné ? Il est indubitable que certains groupes végétaux et animaux sont en régression. Mais le sont-ils partout et de manière irrémédiable ? Et qu'en est-il des autres groupes ? Quand on dit qu'une espèce disparaît, est-ce localement ou à l'échelle du continent, ou du globe ?

En outre, est-il légitime de généraliser des observations faites localement sur quelques groupes d'organismes parmi les mieux connus ou les plus emblématiques, à l'ensemble de la biodiversité ? Et surtout, qu'en est-il notamment des microorganismes dont on sait le rôle important qu'ils jouent dans le fonctionnement des systèmes écologiques ? Sont-ils concernés également par ces jugements à l'emporte-pièce ? On peut répondre non car on ne savait pas les inventorier jusqu'à présent. Ce qui veut dire que lorsqu'on parle de fonctionnement de système écologique, on agite une fois encore un concept flou et mal défini.

Enfin, ces jugements de valeur sont le plus souvent orientés. Ainsi, il est d'usage de penser qu'un aménagement va nécessairement détruire la diversité biologique… Mais on réfléchit rarement au fait que lorsqu'on modifie un système écologique on gagne et on perd tout à la fois de la diversité biologique. Peut-on faire le bilan ? Et sur quelles bases écologiques l'évaluer ? En réalité, ce sont souvent des arguments de nature éthique ou émotionnelle qui sont utilisés comme arbitres.

Certes, il n'y a pas de réponse simple à toutes ces questions, mais les jugements lapidaires évoqués ci-dessus sont rarement étayés de données d'observation fiables. Pourtant, c'est souvent avec de tels propos que l'on fonde des politiques environnementales, ce qui n'est pas sans nous interroger sur la part de scientificité dans l'élaboration de ces politiques.

Quels types d'informations quantifiées et validées peut-on utiliser pour évaluer la diversité biologique ? Celle-ci est composée d'entités que l'on peut, en théorie, identifier : gènes, espèces, écosystèmes, etc. Mais, pour un observateur non averti, la diversité biologique, c'est le nombre d'espèces, la génétique et les systèmes écologiques étant affaire de spécialistes. Dans ce contexte, on peut penser que la connaissance de l'état de la diversité biologique, par exemple, est un exercice simple : il n'y a qu'à suivre l'évolution dans le temps des peuplements. Mais mesurer une chose aussi complexe que la diversité biologique n'est pas trivial. Car une espèce n'existe pas dans un endroit donné indépendamment de son environnement physique et biologique. Comment rendre compte tout à la fois de la diversité des gènes, des espèces et des habitats ? Et quel est le but poursuivi par une évaluation ? Veut-on dénombrer les espèces présentes et les variations de leurs effectifs sur le long terme ? Ou évaluer le fonctionnement des écosystèmes ? Ou évaluer l'intérêt économique ou esthétique de la diversité biologique ? Évidemment, on ne peut pas tout faire à la fois...

La question controversée de l'espèce

Au premier niveau de la diversité biologique, qui est celui des gènes, compte tenu de l'infinité des combinaisons possibles, la diversité génétique est énorme et les spécialistes estiment que c'est mission impossible de dénombrer l'ensemble des gènes. Pourtant, localement, on sait que des génotypes différents peuvent entraîner des comportements également différents.

Le niveau supérieur, qui est celui de l'espèce, est le plus souvent utilisé dans les évaluations, car tout le monde croit savoir ce qu'est une espèce... et pense qu'à la manière des philatélistes on peut classer, recenser le monde vivant à partir de caractères morphologiques permettant de les différencier. Un chat est différent d'un lapin, et encore plus d'un poisson... Les différentes sociétés ont ainsi donné des noms vernaculaires aux espèces qui leur étaient familières.

L'idée de faire un inventaire du monde vivant est ancienne. La diversité des espèces a excité depuis longtemps la curiosité des scientifiques et des philosophes qui ont cherché à en étudier les formes et à en expliquer l'existence. Dans son *Histoire des animaux*, le Grec Aristote (384-322 avant J.-C.) avait recensé quelque 500 espèces animales qu'il classait en deux ensembles : les animaux qui ont du sang et ceux qui n'en ont pas. Linné, quant à lui, a inventé la classification binomiale au XIXe siècle, qui est toujours en usage mais de plus en plus critiquée. Elle est essentiellement basée sur l'utilisation de critères morphologiques, anatomiques et colorimétriques discriminants, avec la description d'un type, c'est-à-dire d'un individu de l'espèce qui sert de référence, déposé dans un musée.

Mais les races de chien, très différentes morphologiquement, appartiennent à une même espèce. Le critère morphologique s'efface ici derrière un autre critère : l'interfécondité entre les races, qui définit l'espèce biologique. Les espèces sont des ensembles de populations génétiquement isolées les unes des autres. Les critères pour que ces différentes populations appartiennent à une seule et même espèce sont l'interfécondité entre les individus en milieu naturel, et l'existence d'une descendance viable et féconde. Attention cependant : un âne et une jument vont donner un mulet ou une mule, mais ces hybrides ne sont pas féconds, ce qui justifie que le cheval et l'âne soient de « bonnes » espèces. Si cette définition biologique de l'espèce est plus pertinente que celle basée sur la seule morphologie, elle est cependant bien difficile, sinon impossible, à appliquer à la très grande majorité des populations naturelles. Comment les croiser ? Pour les paléontologues, il n'y a d'ailleurs pas d'autre alternative que les critères anatomiques quand il s'agit d'identifier des fossiles, ce qui laisse une place non négligeable à l'incertitude.

Qui plus est, avec le développement de la génétique, on s'est aperçu qu'il existait de nombreux cas où des espèces présentaient la même morphologie en apparence, alors qu'elles étaient biologiquement différentes. En d'autres termes, une espèce définie sur la base de caractères morphologiques peut être en réalité un complexe d'espèces différentes sur le plan génétique et biologique. C'est ce que l'on appelle les espèces cryptiques, ou « espèces sœurs ». Cette situation est loin d'être rare, et pour certains groupes bien étudiés (insectes vecteurs de maladies, poissons, etc.), on a souvent constaté l'existence d'espèces cryptiques. Bien entendu, nous sommes encore loin de pouvoir séquencer les très nombreuses espèces existantes ainsi que leurs populations, ce qui réserve certainement d'autres surprises. Mais, nouvelle difficulté, si les techniques de la biologie moléculaire permettent de distinguer des populations différentes sur le plan génétique au sein d'une supposée même espèce, elles ne permettent cependant pas de dire si ces différentes populations correspondent ou non à des espèces différentes. Il faut alors revenir à la question de l'interfécondité !

La situation devient beaucoup plus complexe quand on s'intéresse aux micro-organismes. Les techniques de microscopie électronique ont permis une bien meilleure exploration des espèces invisibles à l'œil, mais jusqu'à un certain point seulement. Pour les bactéries par exemple, il est très difficile, voire impossible, d'utiliser des critères morphologiques. Les espèces bactériennes sont définies à l'heure actuelle sur la base de leur similarité ou de leur dissemblance génétique. Qui plus est, si le concept biologique de l'espèce est généralement accepté pour les animaux et les végétaux, il n'y a pas, à ce jour, de définition aussi précise de la notion d'espèce chez les bactéries. De fait, il existe, au sein des populations bactériennes, des croisements entre espèces différentes donnant naissance à des espèces viables… la notion linnéenne de l'espèce n'est donc pas applicable aux microorganismes.

Ainsi, la notion d'espèce correspond à une entité « floue », que l'on continue à utiliser car elle est pratique en l'absence de solutions alternatives plus rigoureuses mais dont l'usage se révèle délicat. Compte tenu de ces différentes remarques, on comprend que l'ambition de décrire et de quantifier la diversité biologique reste un objectif bien difficile (Casetta, 2014).

Les outils de la biologie moléculaire nous ont permis aussi de retracer plus précisément la phylogénie des espèces, c'est-à-dire de savoir qui descend de qui en matière de filiation. Les premières classifications étaient basées sur les ressemblances morphologiques entre les taxons. Par exemple, l'existence de nageoires définissait le groupe des poissons. Mais les critères de classification se fondent aujourd'hui sur les relations évolutives entre les espèces déterminées par la génétique, la biochimie et la morphologie. Le groupe des poissons défini sur des bases morphologiques est ainsi constitué de plusieurs groupes différents sur le plan évolutif : les requins, les téléostéens, les dipneustes (poissons à poumon), etc. Sans compter quelques surprises qui nous interpellent : le cœlacanthe, par exemple, serait plus proche des mammifères que de la truite sur le plan de la filiation !

Malgré toutes les réserves exprimées, l'inventaire du monde vivant se poursuit. La diversité biologique fait toujours rêver certains d'entre nous… Le vieil esprit naturaliste qui nous incite à nous émerveiller des créations de la nature subsiste encore, mais ceux qui se consacrent à la description de nouvelles espèces se font rares. C'est dans l'univers des microorganismes que l'on s'attend maintenant à des découvertes qui bouleverseront nos connaissances du monde vivant. Il est vrai qu'une nouvelle espèce de bactérie parle moins au citoyen qu'une nouvelle espèce d'oiseau. Pourtant, c'est bien ce monde invisible qui est indispensable au bon fonctionnement des systèmes écologiques, pas nécessairement nos espèces emblématiques.

Comment caractériser l'habitat ?

Le troisième niveau de diversité biologique concerne les écosystèmes, c'est-à-dire les habitats. C'est la matrice dans laquelle les espèces naissent et évoluent. Et si l'on peut penser, de manière superficielle, qu'il existe de grandes catégories d'habitats (milieu marin, eaux douces, savanes, forêts, etc.), la réalité, ici également, est bien plus complexe. En réalité, un écosystème est le produit de l'interaction de nombreux facteurs géologiques, pédologiques, morphologiques, climatiques, etc., de telle sorte qu'il existe ici encore une infinie variété de combinaisons.

Les écologues disent parfois que les systèmes écologiques sont contingents, c'est-à-dire qu'ils sont sous l'influence de facteurs locaux qui peuvent varier, parfois rapidement, dans le temps et dans l'espace. Les habitats peuvent être en effet des milieux labiles, dont l'existence est temporaire, à l'exemple de certaines mares ou de certaines rivières. Sans compter que, dans une rivière, la nature des habitats varie également avec le débit de la rivière et, au même endroit, les caractéristiques écologiques peuvent être très différentes selon que l'on est en période d'étiage ou en période de crue. Mais il faut aussi prendre en compte le fait qu'une même espèce peut avoir besoin de plusieurs types d'habitats au cours de son cycle biologique. Ainsi, de nombreuses espèces d'insectes vivent en milieu aquatique à l'état larvaire, et en milieu terrestre à l'état adulte.

En outre, ce que l'on appelle souvent de manière simplifiée « écosystème » est en réalité une mosaïque de milieux bien différents, à l'exemple d'un lac dans lequel on peut distinguer une zone littorale et une zone pélagique, des fonds sableux, vaseux ou caillouteux, etc. On parle à ce propos d'écocomplexe. Bien entendu, dans des lacs appartenant à une même région biogéographique, on va trouver un même fonds d'espèces communes. Mais chacun d'entre eux peut aussi héberger des espèces particulières selon ses caractéristiques morphologiques ou climatiques, et son histoire.

À la recherche d'indicateurs

Le rêve de tout gestionnaire est pourtant de disposer d'indicateurs, les plus simples possibles, afin d'apprécier les dégâts causés par les aménagements par exemple, ou l'efficacité sur le terrain des mesures de protection qui sont prises. La tendance est de prendre la diversité biologique comme arbitre dans l'évaluation des conséquences à moyen et long terme, qui seront jugées positives ou négatives, selon nos critères.

C'est ici que réside une formidable ambiguïté : selon quels critères porte-t-on ces jugements de valeur ? Prenons l'exemple du lac du Der. Avec l'inondation de paysages bocagers, on a certainement perdu des habitats attractifs pour les passereaux, mais gagné des habitats non moins attractifs pour les oiseaux d'eau. Quand on modifie un paysage anthropisé qui ne donne plus lieu à des usages pour créer un autre paysage anthropisé, on va en réalité perdre de la diversité biologique patrimoniale, pour recréer une autre diversité biologique patrimoniale. On ne peut pas invoquer le fait qu'on dénature une nature vierge ! On peut certes dire que c'est cette nature patrimoniale que nous aimons et que nous souhaitons conserver, mais dans ce cas il faut admettre que c'est une nature gérée par l'homme que nous souhaitons conserver.

L'évaluation de la richesse en espèces dans une région donnée pose un problème méthodologique bien connu des écologues : le nombre d'espèces recensées dépend de l'efficacité des méthodes d'observation et de l'effort d'échantillonnage… En effet, la probabilité de récolter une espèce rare dépend de la fréquence et de l'intensité de l'échantillonnage : une espèce peut être présente seulement à certaines époques et seulement dans certains types d'habitats. Les écologues de terrain savent aussi que beaucoup d'espèces présentent des fluctuations saisonnières d'abondance, et des fluctuations interannuelles parfois importantes, dont on a du mal à identifier les causes. Qui plus est, toute méthode d'échantillonnage est sélective et l'utilisation de méthodes différentes peut conduire à des résultats différents !

Il faut aussi savoir que la composition d'une communauté ne tient pas seulement au plus ou moins grand nombre d'espèces présentes, mais aussi aux abondances relatives de ces espèces (Gosselin, 2014). La question de la mesure se complique alors rapidement. Il faut en effet tenir compte de la dynamique spatiale et temporelle des espèces, ce qui pose de redoutables problèmes d'échantillonnage (fréquence, distribution spatiale), même si l'on s'adresse à quelques groupes sélectionnés. Sur le plan théorique, et en jetant un voile pudique sur les questions de la représentativité des échantillonnages, on a néanmoins développé divers indices dits de « diversité » plus ou moins sophistiqués pour exprimer à la fois la richesse en espèces et leur abondance relative (Magurran, 1988). Le plus connu est l'indice de Shannon, issu de la théorie de l'information. Mais il est peu utilisé, excepté par quelques scientifiques. L'utilisation de tels indices a d'ailleurs suscité de nombreuses critiques. Il peut paraître paradoxal, en effet, de vouloir résumer dans un simple chiffre une réalité aux multiples dimensions.

De fait, les indices ne permettent pas de comprendre ni d'interpréter les changements qui interviennent dans une communauté.

Disons-le tout net : l'indicateur unique, intégral et général de la diversité biologique n'existe pas (Le Guyader, 2008). Il faut donc faire des choix et se limiter à la mesure de certains paramètres. Le plus souvent, on s'intéresse à l'évolution de la richesse en espèces de quelques groupes cibles, souvent emblématiques, et qui sont suffisamment connus et étudiés. Certains écologues ont alors fait le constat pragmatique… que le nombre d'espèces était la mesure la moins pire (*the best of the worst* des Anglo-Saxons), avec toutes les réserves que l'on peut émettre !

Que l'on ne s'y trompe pas, il y a des groupes privilégiés, à l'exemple des oiseaux en milieu terrestre et des poissons en milieu aquatique, dont la protection est revendiquée par des groupes de pression organisés sous couvert de biodiversité. Mais on comprend qu'avec une telle démarche, bien évidemment réductrice, on n'aborde pas la diversité biologique dans son ensemble, et que cette approche très sectorielle de la diversité biologique ne reflète pas la totalité de la richesse biologique d'une région. Qui plus est, il faut savoir qu'en privilégiant certains groupes on en sacrifie d'autres ! Alors, quand on dit que c'est bon ou mauvais pour la diversité biologique, sans autres précisions, on comprend que c'est un abus de langage…

La diversité biologique invisible en passe d'être démasquée

Pour tout un chacun, la diversité biologique, ce sont les espèces que nous pouvons voir et identifier, les espèces macroscopiques en schématisant. Les ONG de conservation de la nature ne nous parlent en effet que de conservation des vertébrés et d'autres groupes macroscopiques qui ne représentent qu'une faible proportion des espèces vivantes (mais beaucoup d'espèces emblématiques) et qui nous sont accessibles à l'œil (plantes, mollusques, papillons, etc.). La Liste rouge des espèces menacées de l'Union internationale pour la conservation de la nature (UICN) est une sélection de quelques groupes pour lesquels on possède des renseignements, mais beaucoup d'autres groupes ne sont pas abordés. En réalité, il existe deux grandes boîtes noires : les parasites (on estime qu'ils représentent la moitié des espèces vivantes) et les microorganismes.

Depuis longtemps, les écologues pensaient que les microorganismes jouaient un rôle important dans les systèmes écologiques. Mais, à l'exception de quelques espèces que l'on pouvait isoler et cultiver au laboratoire, ils n'avaient pas réellement les moyens de les identifier ni d'évaluer leur rôle sur le terrain. Depuis quelques années, grâce aux outils de la biologie moléculaire et du séquençage à haut débit, on peut accéder au métagénome, c'est-à-dire au génome de l'ensemble de la communauté des organismes qui vivent dans le sol. La métagénomique permet en effet d'analyser la totalité d'une population de microorganismes au lieu de traiter espèce par espèce. L'un des avantages de la métagénomique est qu'elle permet de s'affranchir de l'étape préalable de culture au laboratoire, et donne donc accès à des microorganismes non cultivables (plus de 99 % pour les microorganismes marins). À titre d'exemple, ces techniques nous permettent aujourd'hui d'estimer un niveau de diversité spécifique de l'ordre de 10 000 à 1 million de génotypes bactériens différents par gramme de sol.

Nous sommes ainsi dans des ordres de grandeur qui n'ont plus rien à voir avec la diversité des espèces macroscopiques !

Barcoding et *metabarcoding* : la diversité biologique des rivières révélée par l'ADN (Deiner *et al.*, 2016)

Le *barcoding* est une technique permettant la caractérisation génétique d'un individu ou d'un échantillon d'individus à partir d'un gène du génome mitochondrial. Il sert notamment à classer des individus d'espèces inconnues, ou à identifier par exemple un échantillon de poisson prélevé dans un restaurant pour savoir à quelle espèce il appartient ! C'est un nouveau moyen d'améliorer l'inventaire du vivant.

Le *metabarcoding*, quant à lui, est particulièrement approprié à l'étude de la diversité biologique de systèmes écologiques riches en espèces inconnues ou difficiles à déterminer, à l'exemple de la faune du sol. Des chercheurs suisses ont récemment appliqué la méthode en rivière. Ils ont identifié 296 familles d'eucaryotes (dont 196 sont des arthropodes) aquatiques et terrestres. Sans entrer dans les détails de cette méthode qui demande encore de nombreuses améliorations, il faut retenir que, sur un total de 78 taxons de macro-invertébrés aquatiques identifiés dans la rivière, 32 l'ont été uniquement par l'ADN et auraient été ignorés par l'échantillonnage classique. C'est donc un outil utile pour détecter la présence de taxons difficiles à repérer par les méthodes habituelles.

Sans entrer dans les détails de cet univers invisible de la diversité biologique, je rappellerai quelques éléments clés.

– Le sol abrite une quantité gigantesque de microorganismes. Dans 1 gramme de sol de jardin, il y aurait de l'ordre de 10^9 cellules microbiennes. La biomasse de la mésofaune (vers, micro-invertébrés) du sol est estimée entre 1 et 5 tonnes à l'hectare, celle des bactéries à 1,5 tonne et celle des champignons à 3,5 tonnes. La biomasse est donc plus importante dans le sol qu'à sa surface.

– Le monde marin nous a offert une surprise de taille il y a quelques décennies, avec la découverte d'un groupe entièrement nouveau, les Archaea, qui constituent à elles seules un des trois grands domaines du vivant, au même titre que les eucaryotes (les animaux dont les humains, les champignons, les plantes) et les bactéries. Il a été démontré qu'en milieu marin, chaque goutte d'eau pouvait en contenir des milliers. Pourtant, malgré leur abondance, nos connaissances concernant leur rôle dans l'écosystème restent sommaires (Hugoni *et al.*, 2013). On peut aussi signaler la découverte dans les grands fonds marins d'un mode de production de matière organique très différent de la photosynthèse : la chimiosynthèse, qui consiste à utiliser de l'hydrogène sulfuré au lieu de l'énergie lumineuse pour synthétiser les sucres. Un processus qui intéresse beaucoup les industriels.

– Au début du siècle, on estimait qu'il y avait quelques milliers de bactéries marines, mais, selon des travaux plus récents, le nombre de taxons serait compris entre 10^6 et 10^9. Dans les systèmes marins, la diversité des bactéries semble actuellement augmenter avec l'effort d'échantillonnage et les performances des méthodes d'analyse.

– Sur la base de calculs complexes, deux chercheurs américains (Locey et Lennon, 2016) suggèrent qu'il y aurait sur terre 1 trillion (10^{12}) d'espèces microbiennes. On nage ici en pleine incertitude, voire dans les effets d'annonce ! Il n'empêche que le monde des microorganismes renferme une extraordinaire diversité de taxons (pour ne pas dire « espèces », car cette qualification ne s'applique pas à ces organismes) dont il reste à évaluer le rôle dans le fonctionnement de la biosphère, mais aussi dans celui des êtres vivants. Ces perspectives relativisent sérieusement le rôle que l'on attribue aux espèces macroscopiques dans le fonctionnement des systèmes écologiques.

Quant aux virus, il semblerait que leur nombre soit incommensurable ! En 1989, avec la découverte de virus dans les océans, les scientifiques ne se doutaient pas encore que les virus étaient omniprésents dans toutes les mers et qu'ils étaient même des acteurs clés du fonctionnement des écosystèmes marins et d'eau douce. On estime qu'il y a entre 1 et 10 millions de virus par millilitre d'eau, dont la plupart sont encore inconnus. Ils constituent l'entité biologique la plus abondante dans les écosystèmes aquatiques.

Les virus sont des parasites obligatoires capables d'infecter toutes les cellules vivantes. Le virus est généralement spécifique d'une cellule hôte donnée. Il est donc caractéristique d'une espèce. Et on observe de manière empirique un rapport moyen de dix virus spécifiques pour une bactérie donnée dans les eaux côtières de surface.

Les virus semblent assumer une fonction importante dans les systèmes aquatiques en contrôlant les populations bactériennes, car les virus sont faits pour tuer et ils sont une des causes importantes de mortalité des microorganismes. Ils jouent également un rôle central en assurant un transfert de gènes entre les microorganismes (Personnic *et al.*, 2006). Mais ce rôle reste à approfondir.

Qu'en est-il de la diversité biologique fonctionnelle ?

Les évaluations basées sur la richesse en espèces ne renseignent pas sur les aspects fonctionnels des systèmes écologiques, que l'on évoque souvent de manière répétitive. Certes, les espèces macroscopiques jouent un rôle, mais les écologues savent aussi que le fonctionnement des écosystèmes est adaptatif et que la disparition d'une espèce, ou l'apparition d'une nouvelle espèce, n'entraîne pas, sauf exception, de bouleversements considérables. La disparition du loup ou de l'ours est probablement regrettable sur le plan éthique, mais ne remet pas en cause le fonctionnement global des systèmes écologiques qui les hébergeaient. D'ailleurs, ces espèces n'existent pas en Grande-Bretagne dans des milieux similaires, ce qui ne les empêche pas de « fonctionner » ! De même, la disparition de l'ours blanc n'empêchera pas la biosphère de fonctionner.

L'expression « fonctionnement des écosystèmes » n'échappe donc pas à la règle : elle est aussi empreinte d'un flou artistique. Bien entendu, le fonctionnement, c'est par définition les échanges et les flux entre les compartiments constitutifs du système, mais au-delà ? Comment le caractériser et surtout le mesurer pour en faire un outil opérationnel ? En réalité, les indicateurs de fonctionnement sont rares.

La science écologique a pendant longtemps mis l'accent sur les chaînes trophiques pour caractériser et expliquer le fonctionnement des écosystèmes. Mais cela concernait avant tout les espèces macroscopiques, et excluait le plus souvent les microorganismes, qui constituaient une boîte noire. Depuis, grâce aux progrès techniques, le rôle essentiel des microorganismes dans le fonctionnement des systèmes écologiques a été démontré, et constitue pour les années à venir un champ de recherche particulièrement stimulant qui va bousculer les paradigmes de l'écologie traditionnelle en matière de fonctionnement des écosystèmes.

Or on reconnaît maintenant que les microorganismes du sol, par exemple (bactéries, archées, champignons, levures), jouent un rôle essentiel dans les processus écologiques tels que la séquestration du carbone, la reminéralisation de la matière organique et le cycle de nutriments, la dépollution, les flux de gaz traces, etc. Si la reminéralisation n'était pas assurée, il n'y aurait plus de production biologique ! Ce processus clé est par essence le domaine des microorganismes.

La rhizosphère est un terme qui est apparu pour la première fois au début du XXe siècle, et qui caractérise la zone du sol entourant la racine. C'est un environnement particulier où les flux de matière et d'énergie entre le sol et la plante sont particulièrement intenses : la plante y mobilise l'eau et les éléments minéraux nécessaires à son développement et à sa croissance. C'est dans la rhizosphère que la racine exsude des quantités considérables de composés carbonés (sucres, substances de croissance) qui vont enrichir la fraction organique du sol et stimuler la croissance des microorganismes. Ces derniers, en retour, facilitent l'assimilation des substances nutritives par les racines. Ils peuvent en effet exploiter des ressources auxquelles les plantes n'ont pas accès (dégradation de l'humus, minéraux insolubles) et les rendre ainsi utilisables par les plantes.

Les travaux conduits dans des écosystèmes lacustres depuis quelques décennies ont démontré que les flux de matière et d'énergie ne s'organisent pas seulement selon la voie trophique classique basée sur l'assimilation photosynthétique (phytoplancton -> zooplancton -> poissons), mais empruntent aussi la voie de la boucle microbienne, formée des organismes hétérotrophes de petite taille incluant les virus, les archées, les bactéries, les champignons, le phytoplancton, le phytobenthos et les protozoaires, pour constituer un véritable réseau trophique (Mostajir *et al.*, 2012).

Dans les écosystèmes marins pélagiques, les communautés microbiennes assurent la quasi-totalité de la production primaire, constituent l'essentiel de la biomasse présente et forment la base de tous les réseaux trophiques aquatiques. Ainsi, dans les océans, le plancton, constitué d'une myriade de microorganismes à la base de la chaîne alimentaire océanique, produit près de 50 % de l'oxygène atmosphérique. Les résultats de la mission Tara Océans, qui a exploré les différentes mers du globe, sont à ce propos impressionnants[2]. Le rapport intitulé « Plancton, la nouvelle frontière » ouvre de nouveaux horizons quant au rôle des microorganismes dans le fonctionnement de la biosphère.

Ces quelques exemples servent à illustrer le fait que, lorsqu'on dit que la disparition de certaines espèces macroscopiques met en danger le fonctionnement de l'écosystème, on fait en général l'impasse sur les microorganismes. Cela relativise, ici encore, la portée de ces assertions !

Le rôle d'un autre groupe d'organismes en matière de fonctionnement des écosystèmes est lui aussi sous-estimé. Les parasites n'ont guère bonne presse en matière de diversité biologique. Pourtant, ils sont présents en abondance : on estime qu'environ 50 % des espèces vivantes actuelles sont des parasites, et que tous les êtres vivants sont concernés par le parasitisme, en tant qu'hôtes et (ou) parasites. Il faudrait ajouter le groupe des virus, comme nous l'avons vu plus haut.

---

2. http://www2.cnrs.fr/sites/communique/fichier/dossier_de_presse_online.pdf (consulté le 30 mars 2017).

Contrairement aux organismes libres, les parasites et les pathogènes ont été rarement considérés comme des acteurs du fonctionnement des systèmes écologiques, probablement parce que leurs impacts sont difficiles à évaluer. Pourtant, l'apport de nouveaux parasites dans un écosystème peut modifier à la fois sa structure et son fonctionnement, ainsi que l'attestent quelques exemples récents.

Ainsi, l'orme sylvestre, espèce emblématique de nos campagnes, a été l'objet dans les années 1970-80 d'une maladie due à un champignon microscopique, la graphiose. Elle a ravagé les populations d'orme, entraînant des mutations brutales dans les espaces bocagers. Plus récemment, deux redoutables insectes ravageurs, un papillon originaire d'Argentine et un gros charançon rouge originaire de Bornéo, déciment les palmiers du sud de la France. Ils ont été introduits avec le commerce d'arbres parasités, par des horticulteurs indélicats. La chenille du papillon, notamment, est capable d'attaquer plusieurs espèces de palmiers, et les dégâts occasionnés sont importants. Les palmiers ont fortement régressé dans le sud de la France, et beaucoup ne survivent que grâce aux traitements phytosanitaires.

Les bactéries et nous

Les bactéries ne sont pas toujours des monstres pathogènes. Certains microorganismes colonisent les humains et vivent en étroite interaction avec eux. Nous les retrouvons sur la peau et au niveau des fosses nasales, de la cavité buccale, du tractus digestif… Le système digestif des animaux et de l'homme héberge des millions d'espèces de bactéries et de levures qui ont, tout à la fois, un effet protecteur et un rôle trophique (favorisant l'absorption intestinale des aliments).

Nous associons souvent bactéries et maladies, alors que notre corps regorge de bactéries qui nous sont, pour beaucoup, indispensables, et avec lesquelles nous entretenons des relations mutualistes. On avance des chiffres qui laissent rêveur : dans 1 gramme de matière fécale, il y aurait 10^9 à 10^{11} bactéries, appartenant à plus de 1 000 espèces. C'est ce que l'on appelle le microbiote (Corthier et Leverve, 2014), dont certains estiment qu'il serait l'équivalent d'un organe supplémentaire. Le nombre de gènes codés par ces bactéries est vraisemblablement 100 fois plus grand que celui du génome humain.

On admet que le microbiote participe à la bonne santé de l'homme, en assurant notamment une protection contre les pathogènes digestifs. De vrais gardes du corps, interceptant et détruisant les suspects ! Ces bactéries contribuent aussi à la digestion en fournissant des éléments essentiels tels que les vitamines K et B12. Et elles nous aident à digérer les hydrates de carbone complexes en les transformant en sucres et en acides gras. Mais la salive héberge également deux espèces de streptocoques à l'origine des caries dentaires.

Tout aussi surprenant est le fait que dix individus adultes ont rarement plus d'une espèce bactérienne en commun. Il faut dire que beaucoup de ces bactéries nous sont inconnues, car elles ne poussent pas sur des milieux de culture. La colonisation microbienne intestinale débute dès la naissance et se stabilise vers l'âge de 2 ans. Nous en ingérons chaque jour en grand nombre avec les fruits, les légumes frais, les laitages, les fromages, les salaisons, et le vin. Comme l'industrie alimentaire prend soin de notre santé, nous ingérons aussi des probiotiques. Ce sont des microorganismes vivants censés exercer un effet positif sur notre santé. Il s'agit surtout des bactéries lactiques, qui transforment les lactoses du lait en acide lactique.

Les bactéries peuplant nos intestins ont-elles une influence décisive sur notre prise de poids ? Un article publié dans la revue *Nature* semble le suggérer. Il y aurait des différences notables entre la flore intestinale de personnes minces et de personnes obèses. Chez ces dernières, les bactéries extrairaient avec plus d'efficacité le sucre des aliments, favorisant la prise de poids de leur hôte. Cette hypothèse mérite néanmoins d'être confortée.

L'homme n'est pas un cas unique. Les ruminants, mais aussi tous les mammifères et les oiseaux, ne peuvent vivre s'ils n'ont pas dans leur tube digestif les bactéries qui vont les aider à manger. Même les termites seraient incapables de digérer la cellulose du bois sans l'aide des bactéries qu'elles hébergent dans leur panse rectale.

Chapitre 2

L'histoire sans cesse renouvelée
de la diversité biologique

« Nous sommes passés d'une nature qui nous a faits à une nature que nous faisons. »
Serge Moscovici (1972).

La diversité biologique européenne n'est pas le résultat de la génération spontanée, et ce n'est pas non plus une création divine. Elle a une histoire, qui est fortement liée aux événements géologiques, aux changements climatiques, et plus récemment à l'action de l'homme. Cette histoire a commencé avec l'origine de la vie : les espèces sont nées, ont évolué et, pour la plupart, ont disparu, sous l'influence de divers phénomènes. La distribution actuelle des flores et des faunes est le résultat de la combinaison de ces différents processus géologiques, climatiques et biologiques.

La mise en place spontanée des flores et des faunes

Les scientifiques se sont depuis longtemps interrogés sur les mécanismes biologiques qui conduisent à la diversification des espèces. Selon la théorie de l'évolution, dans un monde où les paramètres de l'environnement se modifient en permanence, la nécessité de s'adapter sélectionne les individus les plus aptes. Ceux qui réussissent le mieux dans le nouveau contexte ont plus de chance que les autres de transmettre leurs caractères génétiques à leurs descendants. Un avantage éphémère, qui ne dure que jusqu'au moment où de nouveaux changements interviennent. Car la disparition des espèces ou l'apparition de nouvelles espèces sont souvent le résultat de phénomènes aléatoires, conjoncturels et contingents. Certains pensent, par exemple, que l'on pourrait avoir largement sous-estimé l'importance des épidémies, qui ont pu faire disparaître à certains moments des espèces ou des ensembles d'espèces.

On connaît encore mal l'histoire des premiers pas de la vie, notamment à l'époque de la Pangée, ce supercontinent qui regroupait tous les continents actuels il y a quelque 270 millions d'années (Ma). Mais on sait que la fragmentation de la Pangée, qui débuta il y a un peu plus de 200 Ma et se poursuivit avec la séparation de l'Amérique du Sud et de l'Afrique au Crétacé (vers 130 Ma), suivie par celle de l'Eurasie et de l'Amérique du Nord il y a quelque 60 Ma, a été à l'origine de la différenciation des flores et des faunes sur les divers continents.

À l'heure actuelle, la diversité biologique, si l'on se réfère aux seules espèces, est effectivement différente sur chacun des continents. Mais, à des niveaux taxonomiques supérieurs (familles, ordres, etc.), il n'est pas rare qu'une même famille soit représentée sur différents continents par des espèces certes différentes, mais présentant des traits similaires parce qu'elles ont des ancêtres communs. On peut citer l'écureuil gris nord-américain et l'écureuil roux européen. Une fois les continents séparés, chaque branche de la famille a suivi son propre destin et a évolué indépendamment en fonction de l'histoire géologique et climatique locale du continent hôte. Plus généralement, sur certains continents, des lignées entières ont disparu, ainsi que l'attestent les restes fossiles, alors que d'autres groupes se sont fortement différenciés.

En matière de diversité biologique, il existe donc de lointains « cousinages » entre les continents pour des lignées qui ont pu se pérenniser. Ainsi, il y a environ 3 à 5 Ma, le climat de l'Europe occidentale était chaud et humide et les terres étaient couvertes d'épaisses forêts composées d'arbres tels que le cyprès chauve et le séquoia, mélangés à des feuillus (hêtre, charme, aulne, chêne). C'est le genre de forêts mixtes qui a disparu de l'Europe, mais que l'on rencontre encore aujourd'hui en Chine, au Japon et sur la façade est des États-Unis. Une question intéressante se pose alors : si le cyprès chauve a existé autrefois chez nous, est-on en droit de le réintroduire ?

Dans l'histoire géologique, les échanges floristiques et faunistiques importants entre les différents continents ont probablement été peu nombreux, sauf exceptions notoires, lorsque des masses continentales sont entrées en contact. Ce fut le cas lorsque la plaque indienne est entrée en contact avec la plaque asiatique il y a environ 50 Ma. Plus récemment, au Miocène (15 Ma), la collision de la plaque africaine avec l'Arabie a ouvert la voie aux échanges entre l'Afrique et l'Eurasie, une voie que les premiers hominidés auraient empruntée.

Les grandes extinctions de masse

L'histoire biologique de notre planète est ponctuée de quelques périodes peu propices à la vie, que les paléontologues ont dénommées « grandes extinctions de masse ». De véritables « catastrophes », selon notre point de vue d'humains, qui ont vu disparaître des quantités d'espèces, dont la plupart n'ont pas laissé de traces !

Les paléontologues ont mis en évidence l'existence, au cours de l'évolution, de cinq grandes périodes durant lesquelles une grande partie des espèces ont disparu de la surface de la Terre. La première, il y a environ 445 Ma, aurait causé la disparition de 85 % des espèces. La deuxième crise, il y a 375 Ma, a vu disparaître 75 % des espèces marines. La crise du Permien, il y a 250 Ma, a été la plus grave : près de 90 % des espèces marines disparaissent, et environ les deux tiers des insectes. Puis intervient la crise du Trias, il y a 210 Ma, qui affecte de nouveau les organismes marins, et enfin la crise de la fin du Crétacé, il y a 65 Ma, la plus médiatisée puisqu'elle a vu disparaître les dinosaures qui avaient dominé la vie sur Terre pendant près de 140 Ma. Il s'agit là des principales extinctions massives, mais les paléontologues en recensent une vingtaine d'autres, d'ampleur plus ou moins importante. Au total, plus de 99 % des espèces ayant vécu sur Terre auraient disparu au cours de l'évolution. Un véritable champ de ruines ! La bonne nouvelle, c'est qu'après chaque extinction, la vie a fini par reconquérir le terrain perdu. On a observé ainsi que chaque période d'extinction massive a toujours été suivie de périodes de nouvelles diversifications, dites « explosives », avec l'apparition de nouveaux groupes taxonomiques. Mais la reconstitution d'une nouvelle biosphère prend des millions d'années.

Bien entendu, ces grandes extinctions sont celles qui ont laissé des traces interprétables dans les archives de la terre, c'est-à-dire des restes fossiles identifiables. Les paléontologues sont en effet tributaires de la découverte de gisements fossilifères qui peuvent conduire à de nouvelles découvertes et de nouvelles interprétations. Mais toutes les espèces ne se fossilisent pas et ne laissent pas de traces. Difficile de savoir, dans ces conditions, si les espèces microscopiques ou sans parties dures susceptibles de se fossiliser ont connu le même sort. En d'autres termes, on généralise à l'ensemble de la diversité biologique des informations sectorielles concernant seulement les groupes que l'on peut identifier. En outre, des périodes de crises moins importantes n'ayant affecté que certains organismes, ou seulement certaines régions du globe, ont eu lieu également, à l'exemple des périodes de glaciations dans l'hémisphère nord.

Zoom sur l'Europe lors de la dernière glaciation

En Europe, les grandes structures géographiques que nous connaissons se sont mises en place avant le Pliocène, il y a plus de quatre millions d'années. Depuis cette époque, les changements structuraux sont minimes, mais l'hémisphère nord a connu une alternance de périodes de refroidissement du climat (les glaciations), suivies d'un réchauffement. Ces changements climatiques de grande amplitude ont été caractérisés par l'extension des calottes polaires vers le sud, recouvrant l'Europe du Nord et une grande partie de l'Asie et de l'Amérique du Nord. Depuis le début du Quaternaire, il y a environ 1,8 million d'années, on a ainsi identifié une vingtaine de cycles glaciaires (figure 1). Les périodes glaciaires ont duré de cinquante mille à cent mille ans, et les interglaciaires (plus chaudes) de dix mille à vingt mille ans. Ces alternances glaciations-réchauffements, on s'en doute, ont fortement marqué l'histoire de la diversité biologique dans les régions tempérées. Elles se sont soldées par des cycles d'extinctions massives, suivies de recolonisations qui ont sélectionné ou éradiqué certaines espèces (Beisel et Lévêque, 2016).

Au dernier maximum glaciaire, il y a dix-huit mille ans, les Alpes étaient sous les glaces et le sol était gelé en permanence sur une grande partie du territoire. L'eau était massivement stockée dans de gigantesques glaciers et le niveau de la mer était 120-130 m plus bas que le niveau actuel. La Loire était à sec, la Manche était une vallée qui reliait la France à la Grande-Bretagne.

À la fin de cette période froide, il y a environ douze mille ans, le paysage de toundra et de taïga dominait dans le nord du pays, alors que les régions du sud étaient en partie recouvertes de steppes boisées et herbacées. Les grands mammifères (rennes, chevaux, bisons, mammouths, ours des cavernes, etc.) côtoyaient les pingouins. Cette époque fut suivie d'une période de réchauffement progressif qui correspond aujourd'hui à un gain moyen de température de 4,5 °C en Europe occidentale.

Au cours des cycles glaciaires, on assiste à un recul des végétaux au fur et à mesure que s'étend la calotte glaciaire, puis à une recolonisation des zones libérées des glaces pendant les phases de réchauffement. Durant toute la période du Quaternaire, la végétation de l'Eurasie, comme celle de l'Amérique du Nord, a ainsi fait des allers-retours nord-sud. La mer Méditerranée représente un obstacle, et certaines espèces ont dû se réfugier dans les culs-de-sac que constituaient les Balkans ou la péninsule Ibérique, et y subsister à l'état de petites populations. D'autres, plus exigeantes en matière de température, ont disparu alors que leurs proches parentes survivaient en Amérique du Nord ou en Asie extrême-orientale. De manière générale, ces cycles de glaciations ont entraîné un appauvrissement de la diversité biologique de l'hémisphère nord par rapport aux régions méridionales, moins affectées par ces événements climatiques.

La dernière phase postglaciaire est une période privilégiée pour étudier les processus de reconquête des espaces libérés par les glaces par les espèces animales et végétales. Les végétaux et les animaux s'étaient réfugiés au sud de l'Europe, là où ils pouvaient survivre grâce au climat plus favorable, en particulier dans trois zones refuges situées dans les péninsules Ibérique et Italienne, ainsi que dans les Balkans (Taberlet, 1998), avec cependant des différences marquées selon les zones refuges en termes d'espèces. Pour la faune aquatique, c'est le bassin du Danube qui a surtout joué le rôle de zone refuge. En partant de ces zones refuges, les espèces ont pu recoloniser les zones libérées par les glaces lorsque le climat s'est réchauffé. Cette reconquête, bien documentée pour les végétaux terrestres, a été très progressive. Ainsi, les barrières naturelles des Alpes et des Pyrénées ont retardé ou empêché la dispersion naturelle de nombreuses espèces ayant survécu dans les refuges ibérique et italien.

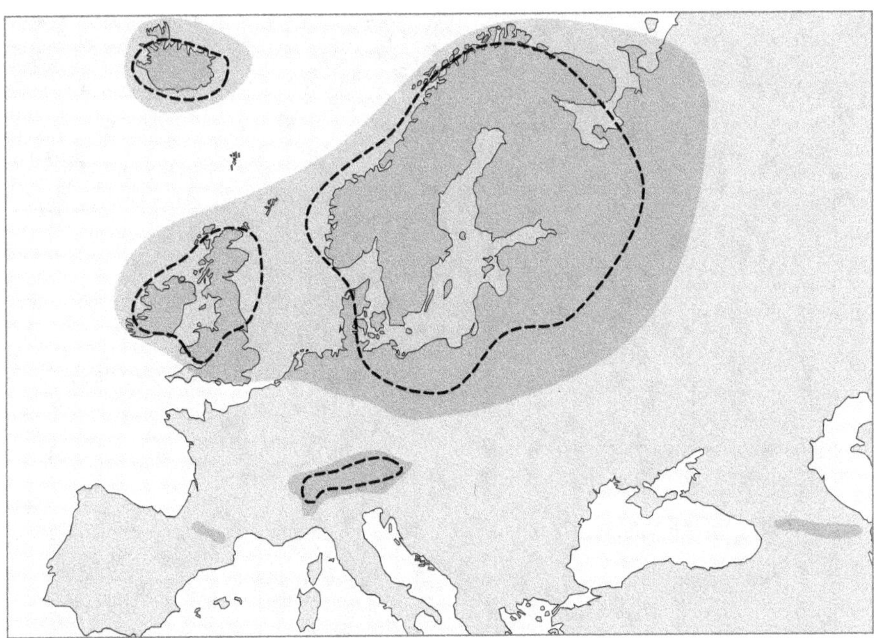

Figure 1. La ligne continue représente l'extension maximale des glaciers rissiens, la ligne en tiretés celle des glaciers würmiens.

Dans ce contexte de destructions répétées de la diversité biologique liées aux périodes glaciaires, on comprend qu'elle soit beaucoup plus pauvre dans l'hémisphère nord que dans les milieux tropicaux. Ces derniers ont subi eux aussi des changements climatiques, sans pour autant connaître des situations aussi extrêmes que les glaciations, du moins au cours des derniers millions d'années. On comprend également que la diversité biologique de l'hémisphère nord soit constituée pour l'essentiel d'espèces à large répartition géographique, avec très peu d'endémisme. Rien de comparable en cela à des situations observées dans des zones tropicales où les endémiques sont beaucoup plus nombreux.

L'évolution des écosystèmes en phase de recolonisation

Selon Taberlet *et al.*, il y aurait eu une voie de recolonisation depuis la péninsule Ibérique jusqu'en Grande-Bretagne, et jusqu'au sud de la Scandinavie pour des espèces telles que l'ours brun et les chênes blancs (*Quercus* sp.). D'autre part, il existe une voie de recolonisation depuis les Balkans vers le sud-est de la France pour des espèces telles que le hêtre et la sauterelle. La barrière des Alpes aurait empêché, ou ralenti, la dispersion de nombreuses espèces qui avaient trouvé refuge dans la péninsule Italienne. La comparaison des voies de colonisation met en évidence l'existence de zones dites « de suture » : les zones de rencontre et d'hybridation de populations d'une même espèce qui ont recolonisé l'Europe à partir de zones refuges différentes (figure 2).

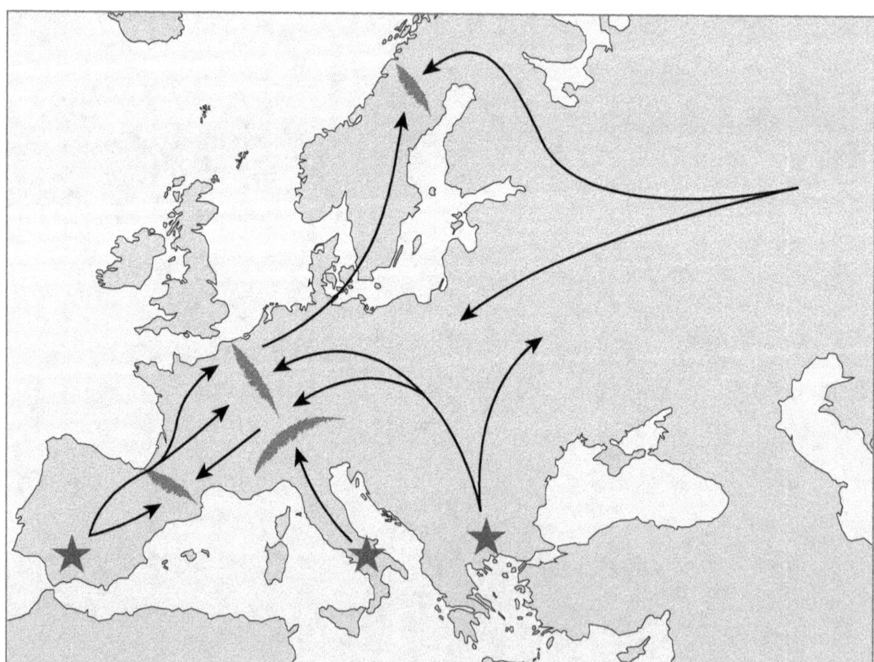

Figure 2. Principales zones refuges et voies de recolonisation postglaciaires en Europe (d'après Taberlet *et al.*, 1998).

Pour la France, les grandes lignes de l'évolution du paysage végétal après la dernière glaciation peuvent se résumer ainsi (Demesure et Musch, 2001) :

– Il y a douze mille à treize mille ans, la toundra ou la steppe froide régresse et fait place à paysage plus arboré. Une forêt peu diversifiée s'installe, dans laquelle dominent pin sylvestre et bouleau. Cette forêt devait ressembler à celle qui existe actuellement dans le nord de la Scandinavie.

– Il y a sept mille à neuf mille ans, des essences caducifoliées (chêne, orme, tilleul, aulne, noisetier) font leur entrée et prennent de l'ampleur, au détriment du pin sylvestre et du bouleau.

– Il y a cinq mille à sept mille ans, une forêt diversifiée de caducifoliés s'installe. Dans certaines parties de la France, le hêtre prend également de l'ampleur. La majeure partie du territoire semble être boisée à cette époque. Mais certaines essences régressent (orme et tilleul, notamment). Des ouvertures dans la couverture forestière commencent à se créer, sous l'impact de l'homme.

– L'impact humain devient surtout perceptible à partir de l'Âge du fer (environ 800 avant Jésus-Christ) et semble s'accélérer au cours des époques gallo-romaine et médiévale. Ces périodes sont marquées par des défrichements et des introductions de nouvelles essences (châtaignier, noyer). Le recul généralisé de la forêt en Occident atteint son apogée aux XIIIe et XIVe siècles car l'homme prélève de plus en plus de bois en tant que matière première pour toutes sortes d'utilisations (combustible domestique, métallurgie, bois d'œuvre, etc.).

– Jusqu'au XIXe siècle, l'impact humain croît, réduisant considérablement la surface boisée au profit de la surface cultivée. Mais, à partir de la fin du XIXe siècle, on assiste à une politique de reboisement de certaines zones « incultes » (les Landes de Gascogne, la Sologne). C'est également à partir de cette période que s'opèrent des plantations massives, souvent à partir d'essences non indigènes (pin maritime du Portugal, pin de Douglas).

– Depuis le XXe siècle, on observe à nouveau une extension de la surface boisée, d'une part en raison de l'exode rural dans certaines régions, d'autre part en raison d'une politique délibérée de replantation dans certaines zones anciennement boisées (landes, pâturages d'altitude, garrigues).

La recolonisation dépend des capacités de migration des plantes et des animaux. La vitesse de migration est très variable selon les espèces. Pour certaines plantes, les migrations sont extrêmement lentes et nécessitent des dizaines de milliers d'années. D'autres, au contraire, ont des capacités de dispersion importantes et constituent les espèces pionnières, les premières à recoloniser rapidement les milieux libérés par les glaces. Ainsi, le chêne, arbre supportant la concurrence des autres espèces, a colonisé l'Europe plus rapidement que d'autres. La propagation du hêtre, dont les zones refuges se situaient près de la mer Noire et en Italie du Sud, a par contre été retardée en raison de sa faible compétitivité par rapport au chêne. Il y a six mille à six mille cinq cents ans, il commence à s'étendre dans les Apennins, et il est apparu depuis seulement trois mille cinq cents ans en Espagne et dans le nord-ouest de l'Europe. L'épicéa, qui était répandu dans les Alpes orientales au Tardiglaciaire, mettra plus de six mille ans pour atteindre les Alpes françaises et le Jura, et ne colonisera le Massif central qu'au XIXe siècle grâce aux reboisements.

Pour les espèces végétales aux graines petites et légères, le vent ou l'eau constituent des moyens de dispersion privilégiés. Mais le transport par les animaux est une autre voie importante de dispersion, dénommée « zoochorie ». Les graines peuvent être transportées par les oiseaux ou les mammifères, accrochées au plumage ou au pelage, et parcourir ainsi des centaines voire des milliers de kilomètres. Un autre moyen de propagation est le passage dans le tube digestif pendant la durée de la digestion. L'homme ne se comporte pas différemment des autres espèces animales et peut, de manière involontaire, favoriser le déplacement des plantes (Le Perchec *et al.*, 2001). C'est le cas pour les espèces dites messicoles, à l'exemple des bleuets et des coquelicots.

L'étude des successions végétales au cours des quatre derniers cycles glaciaires permet de tirer quelques conclusions générales. Dans tous les cas, après une phase de colonisation pionnière par les pins, et secondairement par les bouleaux, a lieu une phase plus ou moins longue d'expansion du cortège chêne-noisetier qui correspond à l'optimum thermique. Puis se développent des feuillus et des conifères moins thermophiles ou à dispersion plus lente, et enfin la forêt boréale. Les différences existant entre les successions forestières au cours des derniers interglaciaires seraient dues au fait que les refuges, qui n'avaient pas la même localisation au cours des précédents glaciaires, ont déterminé des routes migratoires différentes lors de chaque reconquête.

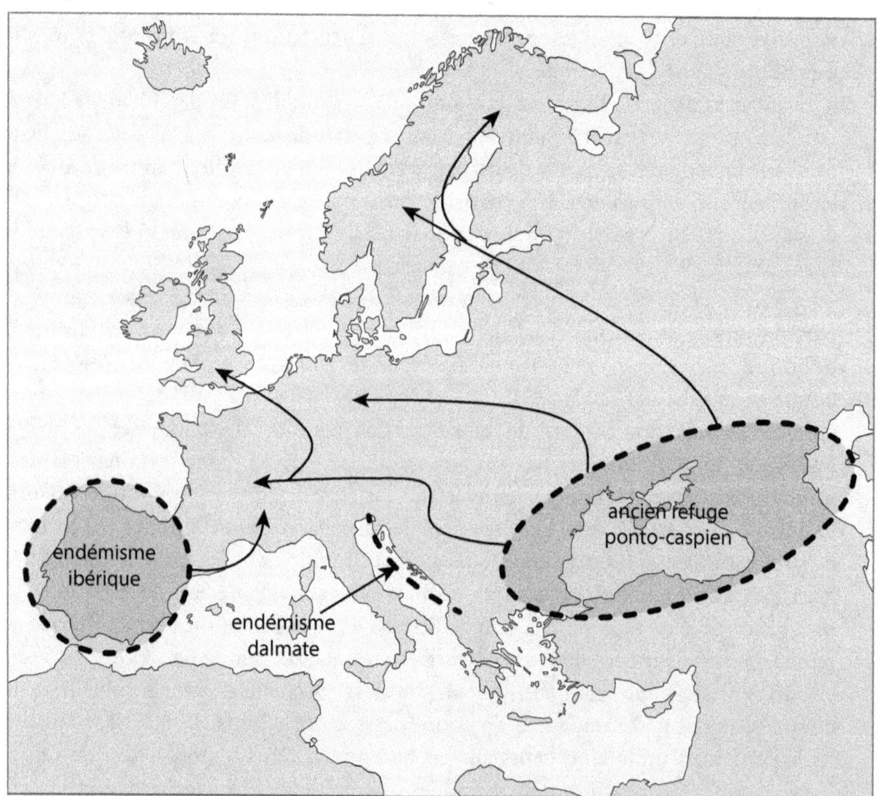

Figure 3. Voies de recolonisation des milieux d'eau douce européens lors du dernier réchauffement climatique.

> **Comment s'est faite la recolonisation des rivières ? (figure 3)**
>
> Le Danube a constitué une zone refuge au Pléistocène, comme l'a confirmé une étude de la richesse en espèces de différentes rivières européennes (Oberdorff *et al.*, 1995). Il existe en effet une relation négative entre la richesse en espèces de poissons des rivières et l'éloignement de ces dernières par rapport aux zones refuges.
>
> Cependant, nous n'avons pas de certitudes quant aux processus de recolonisation qui ont permis le transfert d'espèces d'un bassin à un autre. Comment les espèces aquatiques qui ne supportent pas l'exondation, telles que les poissons, les mollusques, les crustacés, ont-elles fait pour recoloniser l'Europe de l'Ouest à partir du refuge danubien, sachant que les bassins hydrographiques sont le plus souvent des entités isolées les unes des autres, équivalentes à des îles ?
>
> L'hypothèse la plus vraisemblable est que les espèces ont colonisé progressivement, bassin par bassin, à l'occasion d'événements qui ont permis la communication entre bassins adjacents (captures, crues exceptionnelles, etc.). Mais certains ichtyologues pensent aussi que l'homme a dû jouer un rôle il y a déjà fort longtemps, par des transferts d'espèces, à l'instar de la carpe.

Contingence et opportunité, déterminisme et stochastisme

La diversité biologique européenne est le produit d'une histoire au cours de laquelle les changements climatiques ont joué un rôle majeur. Plusieurs périodes successives de glaciations ont éradiqué régulièrement une grande partie de la flore et de la faune, notamment dans les régions septentrionales. Ces événements climatiques expliquent que la diversité biologique y soit moins diversifiée que celle des régions tropicales, et que l'Europe soit une terre de reconquête depuis la dernière glaciation. Cette reconquête a pris du temps, et tous les systèmes écologiques actuels se sont progressivement constitués depuis environ douze mille ans, au gré des opportunités. Les peuplements ne se sont pas déplacés en bloc, mais les espèces ont chacune recolonisé les terres libérées des glaces en fonction de leurs capacités biologiques et de la conjoncture. La diversité biologique européenne est ainsi le produit du changement et, comme l'avait souligné Gould (2006), hasard et contingence ont joué un rôle important dans les processus de recolonisation, de naturalisation, et de diversification des espèces. Dans ces conditions, il devient sans objet de rechercher un ordre immuable de la nature, qui était le principe fondateur de l'écologie. Certes, des évidences demeurent : à court terme, chaque espèce a des besoins spécifiques en matière d'environnement. Mais, à long terme, par les jeux combinés des hasards, de l'adaptation biologique et des modifications de l'environnement, les peuplements se modifient en permanence (Lévêque *et al.*, 2010). Hasard et conjoncture, nécessité et adaptation sont actuellement les mots clés de la science écologique.

Il existe toujours un débat latent entre les tenants de deux conceptions de l'organisation des systèmes écologiques. Il y a ceux qui considèrent que les écosystèmes sont des collections aléatoires d'individus et de populations de diverses espèces trouvant de manière opportuniste des conditions d'existence suffisamment favorables pour vivre et coexister dans un milieu donné, à un moment donné (approche stochastique). Et ceux qui estiment que les écosystèmes sont des entités structurées avec des interactions bien établies et contraignantes entre les espèces constituantes (approche déterministe). L'histoire de l'Europe milite largement en faveur de la première hypothèse.

Au-delà du débat théorique, il y a les implications pratiques. Si les systèmes sont déterministes, la disparition ou l'introduction d'espèces viendront troubler l'ordre établi et auront des conséquences importantes sur le fonctionnement des écosystèmes concernés. C'est ce que dit la théorie écologique classique, reprise par les conservationnistes, qui voient dans les introductions d'espèces une des causes principales de l'érosion de la biodiversité (Lévêque, 2008a). Si, au contraire, les écosystèmes sont faits de collections aléatoires d'individus et de populations d'espèces différentes, les modifications qui interviennent dans les peuplements peuvent être comprises comme un processus banal d'adaptation des communautés aux fluctuations de leur environnement, avec des réajustements permanents du fonctionnement. C'est ce que semble montrer l'histoire de la diversité biologique européenne.

Cette constatation amène à s'interroger sur la pertinence des concepts développés en écologie dans les années 1950-1970, qui étaient fondés sur l'idée que la nature est stable, en équilibre, et se perpétue identique à elle-même quand l'homme ne s'en mêle pas. On sait maintenant que ce n'est pas vrai, mais il subsiste toujours, dans l'imagination collective, l'idée que les systèmes écologiques sont structurés et ordonnés, et qu'en l'absence de perturbations on aurait un état idéal, que certains qualifient de « climax » ou de « bon état écologique », sans pour autant définir cette notion.

Quoi qu'il en soit, personne ne peut dire que le phénomène de reconquête de l'Europe par la diversité biologique est terminé. Avec le changement climatique en cours, on doit en effet s'attendre à ce que d'autres espèces étendent leur aire de répartition.

Chapitre 3

La diversité biologique métropolitaine est une coproduction homme-nature

« S'il est un terme "piégé", c'est bien celui de nature. De prime abord, il semble aller de soi, couler de source, comme dans l'expression "c'est tout naturel". En fait, il est surchargé de perceptions, de représentations, de connotations qui font que la nature des uns n'est jamais vraiment celle des autres, que la nature d'hier n'est pas toujours celle d'aujourd'hui et que la nature d'ici n'a pas grand-chose à voir avec celle d'ailleurs. »

Paul Arnoud et Éric Glon (2006).

Il est faux de penser que l'histoire de la diversité biologique européenne, telle que nous la connaissons, ne doit rien à l'homme. Depuis longtemps, depuis qu'il maîtrise le feu, l'homme a modifié son environnement, à des degrés divers, bien entendu, selon les régions et les époques. La transformation des systèmes écologiques en espaces de production liés à des usages et à des pratiques s'inscrit dans l'histoire des relations de l'homme avec la nature en Europe. Il est à l'origine de la création de systèmes plus ou moins anthropisés, les anthroposystèmes, dont la dynamique et le fonctionnement doivent autant aux actions de l'homme qu'aux processus spontanés.

Il en résulte que notre « nature » est souvent bien différente de celle qui aurait existé en l'absence de l'homme. On peut dire qu'il y a eu coévolution homme-nature ou plus exactement cochangement, selon P. Blandin (2008), qui réfute la connotation trop étroitement biologique de l'expression « coévolution ». Cette notion nous invite à rechercher des pratiques de la conservation en cohérence avec le cochangement, et non plus avec le concept de nature en équilibre qui a longtemps prévalu. Cela ne nous empêche pas pour autant d'apprécier cette nature et de la considérer comme un patrimoine. Avec le paradoxe de vouloir la protéger en l'état, alors que la diversité biologique est avant tout le produit du changement… et qu'elle est appelée à se modifier quoi qu'il arrive.

Anthroposystème

La notion d'anthroposystème a été créée, à l'image de l'anthropocène, pour bien souligner le fait que les sociétés humaines et les systèmes écologiques ne sont pas des entités indépendantes (Lévêque *et al.*, 2003). En effet, chaque discipline scientifique a une vision sectorielle : les écologues parlent surtout d'écosystèmes, ce qui renvoie à une vision plus spécifiquement naturaliste de la nature ; les sociologues, quant à eux, parlent de sociosystèmes, et les géographes de géosystème. L'anthroposystème vise à une meilleure intégration de ces démarches sectorielles. L'anthroposystème se définit ainsi comme un système interactif entre deux ensembles constitués par un (ou des) sociosystème(s) et un (ou des) écosystème(s) naturel(s) et/ou artificialisé(s) s'inscrivant dans un espace géographique donné et évoluant avec le temps. Ces écosystèmes sont occupés, aménagés et utilisés par des sociétés constituées de groupes sociaux ayant des intérêts et des valeurs propres, qui y vivent et/ou utilisent cet espace. Les hommes ont développé des pratiques constituées de savoirs et de savoir-faire fortement influencés par leur environnement régional : on ne plante pas les mêmes céréales et les mêmes arbres partout ; on apprend à maîtriser les crues en édifiant des digues, par exemple, ou à gérer la pénurie d'eau dans les zones plus arides. L'espèce humaine s'est ainsi progressivement affranchie d'un certain nombre de contraintes par rapport à son environnement naturel, au point d'être en partie « responsable » actuellement de l'avenir de cet environnement. En définitive, nous sommes dans un système doublement construit : par les dynamiques à long terme de l'environnement biophysique (le climat, par exemple) et par les dynamiques des sociétés.

L'anthropisation progressive de la nature

Lors du dernier maximum glaciaire (il y a quinze mille à dix-huit mille ans), il ne subsistait qu'un tapis végétal herbacé entre les zones englacées du nord et la Méditerranée au sud. Dans cette toundra à faible diversité florale, les arbres avaient été éliminés par les faibles températures estivales et la courte durée de cette saison. Il n'y avait plus ni forêt boréale de conifères, ni forêt tempérée décidue, ni forêt méditerranéenne. Ces milieux forestiers se sont reconstitués progressivement et spontanément lors de la phase de réchauffement du climat. Au début du Néolithique (– 9 000 à – 3 000 av. J.-C.), on estime que le territoire national était occupé en grande partie par la forêt avec, néanmoins, des superficies importantes de landes et de zones humides.

Si l'Europe a été une terre de reconquête pour la faune et la flore, elle l'a été également pour les hommes. On estime que l'agriculture serait apparue en Europe il y a environ huit mille ans dans les zones du pourtour méditerranéen, et il y a six mille cinq cents ans plus au nord. Dès l'époque préhistorique, la culture des principales plantes vivrières du Croissant fertile s'est étendue en Europe, ainsi que dans la direction opposée, en Perse et dans la péninsule arabique (Guilaine, 2004). Les agriculteurs ont introduit leurs pratiques, les espèces cultivées, mais aussi nombre de plantes adventices et d'espèces commensales. Celles-ci ont joué des rôles parfois complexes, allant de la compétition avec les plantes volontairement cultivées à la protection du sol contre l'érosion, en passant par la fourniture de nourriture accessoire pour les hommes et de fourrage (Guillaume, 2010).

Les pratiques commerciales et les échanges intercontinentaux sont également à l'origine de transferts d'espèces. On parle souvent des espèces découvertes dans le Nouveau Monde, dont beaucoup furent introduites dans de nombreuses régions du monde. Mais il y a longtemps que les espèces voyagent. Dans l'Antiquité, puis au début du Moyen Âge, les commerçants ont favorisé les échanges de plantes dans le bassin méditerranéen et avec l'Asie. Revenus de l'Orient, les Croisés introduisirent en Europe la culture des fleurs comme elle se pratiquait chez les musulmans : lilas de Perse, tulipes de Turquie, rose de Damas. Les Croisés découvrirent également en Orient des plats parfumés avec des épices cultivées sur place ou importées d'Asie.

Introduire de nouvelles espèces utiles à l'alimentation ou à l'industrie, ou encore à la santé, a été l'un des principaux objectifs des naturalistes voyageurs. On avait même créé en 1854 une Société zoologique d'acclimatation, devenue Société nationale d'acclimatation et de protection de la nature en 1946, puis Société nationale de protection de la nature en 1960. On aura noté que l'acclimatation de nouvelles espèces, qui avait été à l'origine de ladite société, a disparu au profit de la protection… Changement d'époque, changement de valeurs ! De nos jours, les introductions sont officiellement prohibées, mais se poursuivent activement. Beaucoup sont involontaires car des espèces voyagent dans les containers ou dans les ballasts des bateaux. Mais d'autres sont délibérées, et souvent présentées comme « accidentelles ».

Les poissons d'élevage sont en particulier une source importante de transferts d'espèces dans le monde. En Europe, la carpe est l'une des premières espèces dont l'introduction est en partie documentée. Originaire du bassin du Danube où elle était élevée à l'époque romaine, elle a été disséminée à travers l'Europe pour développer la pisciculture. En France, c'est au Moyen Âge qu'elle a été introduite et élevée en masse par les communautés religieuses pour répondre aux besoins alimentaires en période de carême. Pour ce faire, les carpes étaient transportées vivantes d'un point à un autre. Avec elles, d'autres espèces comme la tanche, mais aussi le gardon, le rotengle, les brèmes, la perche, voire le brochet, espèces adaptées à la vie en étang, ont été largement échangées et disséminées à travers l'Europe. Sans compter bien entendu les invertébrés présents dans l'eau des conteneurs. Après la carpe, ce fut au tour du carassin doré (le poisson rouge), issu de la pisciculture chinoise, d'être introduit au XVIIIe siècle à des fins de loisirs et de pêche. Puis, au XIXe siècle, arrivent les espèces originaires d'Amérique du Nord : perche-soleil, crapet de roche, poisson-chat, cristivomer (omble du Canada), truite arc-en-ciel, omble fontaine, etc. Certaines espèces étaient des curiosités scientifiques, d'autres destinées à assouvir la passion des pêcheurs sportifs. Toujours est-il que 40 % des espèces de poissons de nos rivières sont des « immigrées » qui se sont naturalisées.

Il y a environ quatre mille ans, les défrichements se développent, encouragés par l'invention de l'araire et du joug d'épaule pour les bovins, qui améliorent les conditions de travail des sols. À la fin de la période gallo-romaine, les forêts n'occupaient plus que 30 à 40 % du territoire. L'agriculture avait alors déjà créé une grande diversité paysagère avec des bocages ou des milieux ouverts, suivant les régions, et une mosaïque de cultures et de prairies, permettant le développement d'une flore et d'une faune nouvelles. Au Moyen Âge, avec l'augmentation de la population, les défrichements s'intensifient pour accroître les terres cultivées aux dépens des terres incultes, notamment les forêts.

L'assèchement et la mise en valeur des zones humides ont été plus tardifs que la déforestation. C'est sous Henri IV que le mouvement s'est accéléré avec l'édit en faveur de l'assèchement des lacs et marais de France, redéfinissant les relations entre les sociétés et les zones humides (Morera, 2011). Cette action s'est poursuivie pendant tout le XVIIe siècle, puis, plus localement, jusqu'au milieu du XXe siècle. Le drainage des zones humides avait des motivations économiques (cultiver des céréales) et sanitaires (lutter contre la malaria). Simultanément, certaines d'entre elles ont été transformées en étangs pour la production piscicole : Dombes, Sologne, Brenne, etc.

Au XVIIIe siècle, il n'y a presque plus de milieux « naturels », et la plupart des espaces sont « maîtrisés ». La grande faune sauvage est d'ores et déjà appauvrie, certaines espèces disparaissant (bison) ou devenant rares (ours, lynx, etc.). On assiste en revanche au développement d'espèces vivant aux dépens des milieux agricoles (petits rongeurs, petits carnassiers, insectes).

Le cas des plantes messicoles

Certains s'inquiètent de la disparition des plantes messicoles en rapport avec les techniques modernes de cultures céréalières. Il s'agit de plantes commensales des cultures, étroitement liées à la culture des céréales, qui ont coévolué avec les espèces cultivées depuis les débuts de l'agriculture. Les plus emblématiques sont le coquelicot, le bleuet, la nielle des blés, la matricaire (ou camomille). Ces plantes, originaires pour beaucoup du Moyen-Orient, ont été introduites en Europe par les premiers agriculteurs, et se sont naturalisées. Au sens strict, il s'agit donc d'espèces qualifiées d'invasives. Qui plus est, ces plantes étaient autrefois considérées comme des mauvaises herbes par les agriculteurs. La nielle des blés, en particulier, était redoutée en raison de ses graines toxiques qui contaminaient les farines. On cherchait donc à s'en débarrasser, et d'une certaine manière l'agriculture moderne y a réussi.

Mais c'est oublier que ces espèces compagnes de nos plantes cultivées (blé, orge, seigle, originaires du Moyen-Orient) sont devenues simultanément partie de notre patrimoine naturel et traditionnel. Avec le bleuet (bleu), la camomille (blanche), et le coquelicot (rouge), nous lisons dans les champs les couleurs du drapeau national. On a donc mis en place un Plan national d'action en faveur des plantes messicoles[3] pour préserver ces espèces patrimoniales, avec pour objectif de les réimplanter dans les paysages agricoles et périurbains. On parle même de promouvoir les plantes messicoles comme éléments de la biodiversité de l'espace agricole et de mettre en évidence le rôle fonctionnel et les services rendus par ces dernières (Plan national d'action en faveur des plantes messicoles, 2011). On peut comprendre le souci de maintenir une diversité patrimoniale pour des raisons esthétiques ou émotionnelles, mais il faut aussi prendre la mesure des coûts de ces démarches. Il est possible d'envisager d'autres mesures, comme les jachères, qui permettent aux espèces messicoles de subsister, mais on ne recrée pas pour autant les champs colorés d'autrefois.

Une nature « hybride »

Durant la courte histoire humaine, en comparaison avec les échelles de temps géologiques, l'homme a donc agi à la fois sur les espèces et sur les paysages. Les forêts naturelles qui couvraient une grande partie de la métropole après la dernière période glaciaire ont été réduites, petit à petit, pour faire place à des systèmes de culture ainsi qu'à des forêts plantées, même si certaines d'entre elles, à l'instar de la forêt de Tronçay ou de la forêt des Landes, sont devenues des systèmes écologiques emblématiques.

La présence de l'homme dans le Bassin méditerranéen est à l'origine de la création d'une grande diversité de paysages et de nombreuses niches écologiques favorables à la diversité biologique. La forêt méditerranéenne est un espace habité par l'homme. Ce dernier a transformé, par la hache et par le feu, les paysages forestiers en une mosaïque de terroirs agricoles – incluant des champs, des vignobles, des oliviers et des arbres fruitiers, des systèmes sylvopastoraux, des forêts plantées ou semi-naturelles, des maquis et garrigues, et des prairies.

---

3. http://www.fcbn.fr/sites/fcbn.fr/files/ressource_telechargeable/brochure_messicoles_fev_2015_page_a_page_bd.pdf

Aujourd'hui, en France, à l'exception des plus hautes montagnes, il ne reste que très peu d'espaces qui n'aient pas été modifiés par l'homme. La grande majorité des forêts, le lit des fleuves, le littoral ont été aménagés et exploités. La plus grande partie (51 %) du territoire de la France métropolitaine est utilisée par les activités agricoles, 31 % par les bois et forêts, 6 % par les landes, friches, maquis et garrigues, et les zones humides (Agreste Primeur, 2014). Néanmoins, ces chiffres cachent des disparités importantes. Au sud d'une diagonale reliant l'estuaire de la Gironde aux Vosges, les sols dits naturels (forêts, landes, friches, maquis, garrigue, zones humides…) occupent une part du territoire supérieure à la moyenne nationale : de 84 % du territoire en Corse, à 71 % en Provence-Alpes-Côte d'Azur, 56 % en Rhône-Alpes, 44 % en Alsace, 43 % en Limousin. Au nord de cette diagonale, la proportion de sols agricoles par rapport aux surfaces totales dépasse la moyenne nationale dans douze régions, dont le Nord-Pas-de-Calais (84 %), le Poitou-Charentes (75 %), la Bretagne (71 %), l'Île-de-France et l'Auvergne (63 %), et la Bourgogne (62 %).

> Selon le service statistique du ministère en charge de l'Agriculture[4], les paysages agricoles dominent toujours le territoire français, occupant plus de 282 000 kilomètres carrés, soit 51 % des surfaces totales de métropole. Ils devancent les sols dits « naturels » (forêts, landes, garrigues…), qui représentent, en 2010, un peu plus de 39 % du territoire. Les sols artificialisés, en progression, couvrent 9 % des surfaces en France métropolitaine.
> Sur les 55 millions d'hectares que compte le territoire français métropolitain, un peu plus de 28 millions d'hectares sont aujourd'hui occupés par des activités agricoles. Les sols non artificialisés se composent de :
> — 37 % de sols cultivés,
> — 34 % de sols boisés,
> — 19 % de surfaces toujours en herbe,
> — 6 % de landes, friches, maquis, garrigues
> — 4 % autres

L'agriculture, jusqu'au milieu du XXe siècle, a créé une variété de paysages qui sont autant d'habitats favorables à l'épanouissement de la diversité biologique dans un monde anthropisé. Mais il s'agit là d'une diversité biologique bien différente, évidemment, de celle qui aurait existé en l'absence d'aménagements.

Les aménagements détruisent-ils la diversité biologique ?

La question des aménagements des systèmes écologiques est au cœur des débats de société, car les opposants aux projets d'aménagements invoquent souvent la destruction de milieux naturels pour invalider les projets ! Ce qui soulève de nombreuses questions de fond, parmi lesquelles : qu'appelons-nous « milieu naturel » dans le contexte européen fortement anthropisé ? Un aménagement conduit-il nécessairement à la destruction de la nature ? Devons-nous rejeter tout projet d'aménagement au nom de la protection de la nature ? Etc.

Le terme « aménagement » renvoie traditionnellement à quatre grands types de

---

4. http://agriculture.gouv.fr/lagriculture-faconne-toujours-les-paysages-de-la-france (consulté le 30 mars 2017).

préoccupations finalisées qui visent à améliorer les conditions de vie des hommes (le bien-être humain de l'Évaluation des écosystèmes pour le millénaire[5]) :

– Modifier et transformer un milieu de manière à pouvoir exploiter au mieux ses potentialités en fonction de certains types d'usages : par exemple, construire un barrage sur un cours d'eau pour utiliser sa force motrice, ou couper une forêt pour cultiver la terre.

– Minimiser les risques et les nuisances vis-à-vis des personnes et des biens : par exemple, construire des digues pour se protéger des crues, ou drainer les zones humides pour éradiquer la malaria.

– Utiliser des terres pour construire des systèmes artificiels tels que des infrastructures routières pour faciliter les transports, des zones industrielles et commerciales, des milieux urbains…

– Depuis quelques décennies, on parle également d'aménagements à des fins ludiques et récréatives des milieux naturels afin de les sécuriser et de les rendre accessibles au public.

Pour dire les choses simplement, quand on aménage un milieu, on perd et on gagne tout à la fois des espèces et des habitats… Dire que l'on détruit la diversité biologique en aménageant un système écologique pour en faire d'autres usages est globalement faux. On fait sans aucun doute disparaître une certaine diversité biologique (celle qui nous est familière), mais le plus souvent on crée les conditions pour qu'une autre diversité biologique s'installe. Savoir quelle est la « bonne » ou la « mauvaise » ne relève pas de l'écologie, mais de jugements de valeur.

En réalité, la destruction de « milieux naturels » invoquée par les opposants aux aménagements correspond souvent à la destruction de systèmes déjà aménagés, que l'on a érigés en systèmes « naturels », ce qui n'est pas tout à fait pareil ! Le lac du Der-Chantecoq, situé au cœur de la région Champagne-Ardenne, a été créé en 1974 pour régulariser le cours de la rivière Marne. Il est, avec ses 4 800 ha, le plus grand lac artificiel de France. Très vite, les oiseaux ont su tirer parti de cette vaste zone humide. Le lac est devenu un point de passage obligé des migrateurs de printemps et d'automne. Les vasières découvertes à la fin de l'été attirent les limicoles en migration, la végétation qui recouvre ces vasières à l'automne puis les grandes étendues d'eau retiennent de nombreux canards durant l'hiver et au printemps. Les grues cendrées profitent également des lieux. Les îles au milieu du lac leur servent de reposoir durant la nuit. Les chaumes de maïs dans les champs environnants sont très appréciés des grues lors de la migration d'automne.

Pourtant, le projet du lac du Der avait suscité, lorsqu'il a été dévoilé il y a une trentaine d'années, de vives oppositions, car il entraînait la disparition d'un paysage de bocages. Le contexte actuel est bien différent puisque cet aménagement est tellement apprécié des ornithologues qu'on en a fait un site Ramsar. Que dirait-on maintenant si, au nom du rétablissement de la continuité écologique, on décidait d'araser le barrage et de reconstituer le bocage ?

---

5. L'évaluation des écosystèmes pour le millénaire (en anglais Millennium Ecosystems Assessment) est un travail qui a duré quatre ans sous l'égide de l'ONU. Son but était d'évaluer sur des bases scientifiques l'état des écosystèmes, ainsi que d'identifier et de hiérarchiser les actions à entreprendre pour restaurer et conserver notre environnement dans un contexte de développement durable. http://www.millenniumassessment.org/fr/About.html (consulté le 30 mars 2017).

Avec cet exemple emblématique du lac du Der, on constate que les aménagements ont parfois un impact jugé « positif », au moins par certains groupes sociaux qui privilégient les oiseaux. Le lobby des ONG et des ornithologues est très actif, mais tout le monde ne voit pas nécessairement la nature par le prisme des oiseaux. Les amateurs de papillons n'auront certainement pas le même regard. Toute la question, qui ne relève pas de l'écologie, est de savoir comment on interprète ce bilan : donne-t-on plus de valeur à la diversité biologique des zones humides et des oiseaux d'eau qu'à celle des bocages ? Mais il serait très tendancieux de laisser croire que ce qui est bon pour les oiseaux est bon pour la diversité biologique en général !

Des hauts lieux de la nature créés par l'homme

L'opposition « naturel »/« artificiel » n'est pas toujours pertinente dans l'analyse du rapport homme-nature. Il est important de rappeler que beaucoup de nos zones humides emblématiques françaises sont des créations artificielles. À commencer par la Camargue, ainsi que le marais poitevin, les Dombes, la Sologne, etc.

La Camargue est l'emblème d'un milieu construit par l'homme qui va à l'encontre du discours presque toujours négatif tenu pas les mouvements conservationnistes. Au Moyen Âge, les occupants des lieux se contentaient de semer du blé sur les bourrelets alluviaux après les inondations hivernales et de le récolter avant les sécheresses estivales. Les premiers aménagements destinés à une production agricole plus intensive datent du XVIe siècle. Il s'agit d'ouvrages de protection contre les crues (endiguements) dans la Camargue du Nord, puis d'aménagements destinés à assainir les dépressions. Ces aménagements permettent d'habiter et de cultiver la Camargue à l'abri des débordements du Rhône. Mais les endiguements interdisent tout lessivage des sols, ce qui favorise la salinisation des terres dans une région où l'évaporation excède les précipitations. On perce donc des canaux d'irrigation (les roubines), qui ont pour fonction d'introduire l'eau du Rhône, de manière contrôlée cette fois, pour lessiver et adoucir les terres de surface. Progressivement, en élaborant un puissant réseau d'irrigation et de drainage, on accroît les surfaces cultivables en Camargue du Nord et on colonise les bourrelets alluviaux de la basse Camargue.

Vers le milieu du XIXe siècle, la compagnie Pechiney, qui a des besoins importants en sel à usage industriel, construit des marais salants sur 30 000 ha de la basse Camargue, et crée la cité industrielle de Salin-de-Giraud. Il s'agit alors, en matière de gestion hydraulique, d'introduire de l'eau salée, et non plus de favoriser les entrées d'eau douce dans une optique agricole. Toujours à cette époque, des inondations catastrophiques conduisent à la construction des digues du Rhône et de la digue à la mer. La Camargue est ainsi devenue un champ clos complètement artificialisé, qui fait l'objet d'un équilibre conflictuel entre l'agriculture et l'industrie salinière, entre l'eau douce et l'eau de mer introduites artificiellement l'une et l'autre par des stations de pompage.

Après la Seconde Guerre mondiale, la riziculture prend une ampleur considérable en Camargue, jusqu'à occuper 15 000 ha en 1964. La demande en eau pour les rizières est importante, et le réseau d'irrigation et de drainage est modernisé et densifié. Le Vaccarès ne suffit plus à absorber les eaux de drainage, ce qui entraîne l'installation de stations de pompage pour rejeter l'eau d'irrigation dans le Rhône. Entre 1940 et 1984, il y aurait eu perte de 40 000 ha d'habitats naturels de la grande Camargue, dont 35 000 ha de zones humides (Tamisier, 1990). Le déclin rizicole de 1964 à 1980, lié à la politique agricole européenne, coïncide avec le développement rapide du tourisme et des loisirs, notamment par l'image de nature que donne la réserve nationale, et l'image mythologique de Far West européen véhiculée par l'élevage des taureaux et des chevaux. Des propriétaires, bénéficiant du réseau d'irrigation mis en place pour la riziculture, mettent en eau leurs marais pendant les mois d'été pour attirer la sauvagine et louer leurs terres à des sociétés de chasse.

Ainsi, les aménagements hydrauliques édifiés dans le but de produire du sel et des denrées agricoles ont largement contribué à la mise en place des milieux humides camarguais, et en quelque sorte à la production de nature. Ce delta de 80 000 ha sillonné de digues, de canaux d'irrigation et de drainage, terre agricole et terre de salins, est maintenant un haut lieu de la nature pour la majorité de nos concitoyens. Il héberge depuis 1927 une réserve nationale. Depuis 1970, il a le statut de Parc naturel régional, auquel se sont ajoutées des réserves des collectivités territoriales ainsi que des terrains du Conservatoire du littoral. Site Ramsar depuis 1986, site Natura 2000, la Camargue est également une réserve de la biosphère. « La Camargue, delta du Rhône, est un haut lieu de nature, c'est actuellement le dernier grand espace naturel intact de toute la côte méditerranéenne » (Parc naturel régional de Camargue, carte d'occupation des sols, 1992, cité par B. Picon, 1996). Le dernier grand espace naturel… une véritable consécration pour ce milieu artificiel !

Qui dit mieux ? Laissons le dernier mot au sociologue Bernard Picon : « depuis un siècle, on présentait la Camargue comme un espace naturel mais l'on avait oublié que l'on était en réalité dans un polder ». Et il faut donc continuer à le gérer comme tel. Car si la conservation de la nature joue aujourd'hui un rôle majeur dans la gestion du territoire camarguais, les autres activités agricoles et industrielles sont indispensables au maintien de la diversité biologique du delta. Si des milliers de flamants roses trouvent en Camargue un milieu d'élection, c'est grâce aux pratiques agricoles et à l'industrie du sel. Si l'une de ces activités disparaît, qui assurera l'entretien des digues et la régulation du fonctionnement hydraulique ? La Camargue prendra alors un tout autre visage que celui qui attire de nos jours les amoureux de la nature.

Rappelons que la plantation de la forêt des Landes au XIXᵉ siècle avait pour objectifs de fixer des dunes qui menaçaient certains villages, ainsi que de valoriser des zones de marais à usage agropastoral en plantant des pins dont la résine était recherchée par les industriels. L'aménagement des Landes de Gascogne est une des plus spectaculaires transformations paysagères, couplée à un changement fondamental d'utilisation du sol, réalisé au XIXᵉ siècle, dans un milieu de marges écologiques que certains ingénieurs n'hésitaient pas à qualifier, de façon excessive mais imagée, de « Sahara français » (Nougarède, 1996). Cette gigantesque opération d'aménagement, effectuée sans véritable plan d'ensemble, aboutit à la création d'une forêt artificielle, la plus vaste d'Europe, remarquable d'homogénéité (Arnould, 1999 ; Arnould *et al.*, 2002).

Il aura fallu la réunion de facteurs favorables et complémentaires pour aboutir à cet étonnant résultat : un milieu écologique aux contraintes fortes (acidité et hydromorphie des sols, notamment) et aux densités de populations faibles ; l'action énergique d'ingénieurs passionnés, jouant le rôle de leaders charismatiques, pour penser le subtil réseau de drainage ; une volonté politique forte, de la part d'un pouvoir politique autoritaire, symbolisé par Napoléon III ; des intérêts économiques puissants, conjuguant les besoins en produits standardisés des grandes infrastructures de transport des hommes, de l'énergie, des communications et des industries minières et chimiques naissantes (traverses de chemin de fer, poteaux électriques et téléphoniques, étais de mines…), pour assurer des débouchés concurrentiels et complémentaires au bois de pin et à la résine ; un consensus social de la part des bourgeoisies urbaines bordelaise et landaise, devant lesquelles la contestation portée par la trilogie du berger, du résinier et du chasseur ne faisait pas le poids. C'est cette convergence de forces et d'intérêts qui explique la réussite de cette opération d'aménagement, hors norme en regard des critères classiques mis en avant par les forestiers.

Or, les usages évoluant au fil du temps, le gemmage n'est plus qu'une activité anecdotique. On peut discuter des choix qui ont été faits au XIXe siècle, mais la forêt des Landes est devenue un patrimoine, et on peut s'interroger sur l'accueil que recevrait un programme de déboisement pour retrouver les paysages de landes d'autrefois ?

Un héritage en partie menacé par des pratiques héritées de la révolution verte

Il est évident que le vieux système agropastoral, qui constitue à nos yeux d'Européens la référence à la nature, est en voie de transformation par des pratiques d'agriculture intensive et par l'utilisation des terres pour l'urbanisation.

L'intensification de l'agriculture de l'immédiat après-guerre, souvent appelée « révolution verte », a été le fait d'une décision politique nationale et communautaire. Le monde agricole a reçu de la part des décideurs politiques la mission d'assurer la sécurité alimentaire, ce qu'il a fait. Les méthodes de culture ont évolué. Mais la mécanisation progressive, l'intensification et l'utilisation massive d'intrants et des phytosanitaires ont eu divers effets, dont la banalisation des paysages et la pollution des eaux, avec des conséquences jugées négatives sur la flore et la faune. La mosaïque d'habitats qui avait été créée au cours des siècles est en voie d'homogénéisation, notamment avec la suppression des haies et le passage de la polyculture à la monoculture, qui contribuent à créer des systèmes moins hétérogènes, et donc moins favorables globalement au maintien d'une grande richesse en espèces.

Les espèces les plus emblématiques de nos campagnes sont liées aux anciennes pratiques agricoles et aux milieux qu'elles ont créés. Dans quelle mesure peut-on les protéger tout en maintenant une agriculture compétitive ? Dans quelle mesure les agriculteurs peuvent-ils redevenir producteurs de diversité biologique et intégrer cette fonction dans le processus économique ? C'est la question du financement des services environnementaux qui est ainsi posée. C'est aussi le défi de l'agroécologie que de concilier les performances environnementales avec des rendements élevés. Et ce défi ne paraît pas simple.

Depuis les années 1970, la prise de conscience de l'importance de la diversité biologique, y compris la diversité paysagère, a conduit à de nombreuses actions en agriculture. Les agriculteurs ont partiellement replanté des haies et aménagé les bordures de champs. La maîtrise des pollutions d'origine agricole est sûrement la première contrainte qui s'impose aux agriculteurs et aux éleveurs. C'est l'ambition notamment du plan Écophyto et des différentes mesures visant à limiter l'emploi des pesticides. Ces mesures commencent modestement à porter leurs fruits et doivent être poursuivies, voire intensifiées. Dire que l'on ne fait rien est de la pure polémique. Dire que tout va bien aussi…

Un héritage de plus en plus menacé par l'urbanisation

Quand on parle d'aménagements, on doit considérer de manière un peu différente ceux qui consistent à modifier la nature du système écologique et ceux qui impliquent la destruction complète de ce système écologique. Ainsi, construire un barrage correspond à la création d'un nouvel écosystème aux dépens de systèmes préalablement existants. Mais bétonner les sols pour créer des infrastructures de transport, des zones industrielles ou des villes nouvelles est une tout autre démarche… Si on en parle moins que des pratiques agricoles, il n'en reste pas moins que l'urbanisation grignote progressivement nos territoires, à un rythme qui ne faiblit pas.

L'accroissement de la consommation d'espaces agricoles par « desserrement » urbain a pris, au cours des dernières décennies, une ampleur considérable. En France, il est à l'origine d'une perte annuelle de l'ordre de 85 000 hectares au cours des dernières années, soit deux fois plus qu'en Allemagne, et avec un pic affectant surtout les régions de Provence-Alpes-Côte d'Azur et Languedoc-Roussillon. Les terres agricoles ont perdu, quant à elles, 7 % de leur superficie depuis 1982, soit la superficie des départements des Landes et de la Gironde réunis (Agreste Primeur, 2014).

L'artificialisation du territoire atteignait 9 % en 2010 ! Entre 2006 et 2010, les surfaces artificialisées ont gagné 339 000 hectares (Agreste Primeur, 2011). L'artificialisation résulte de l'urbanisation et de l'expansion des infrastructures. Le processus d'artificialisation est le plus souvent irréversible, car ces espaces reviennent rarement à des usages plus naturels.
En 2012, les sols artificialisés occupent une surface importante en Île-de-France (21 %) et en Nord-Pas-de-Calais (17 %) Dans les autres régions, ils oscillent entre 4 % en Corse et 13 % en Alsace et en Bretagne.
Il est intéressant de constater qu'entre 1982 et 2011 la population des villes s'est accrue de 23 %, en gagnant près de 9 millions d'habitants supplémentaires (Insee, 2015). Mais l'espace urbain, quant à lui, a gagné 42 %, en passant de 84 000 km² à 119 000 km². Les raisons sont bien connues : les Français tiennent à leur maison individuelle et les périphéries des villes s'urbanisent. On construit des routes car les déplacements en voiture deviennent plus de loisirs, etc. Tout cela au détriment des espaces naturels ou agricoles, avec pour conséquences l'imperméabilisation des sols et l'augmentation du risque d'inondation, la dégradation des paysages, la réduction des habitats[6]…

---

6. http://agriculture.gouv.fr/lagriculture-faconne-toujours-les-paysages-de-la-france (consulté le 30 mars 2017)

Les villes consomment ainsi de plus en plus de terres agricoles, qui sont perçues comme des réserves foncières inépuisables à urbaniser, alors même que les lois posent le principe de la densification urbaine et de la nécessité de préserver les terres agricoles. Devant la poursuite et l'ampleur des extensions urbaines, la nécessité de réduire les gaspillages de terres agricoles et de maintenir des espaces ouverts en milieux périurbains fait aujourd'hui l'objet d'un consensus de plus en plus largement partagé. Mais, comme souvent, ce consensus peine à s'affirmer concrètement. Les problèmes à régler pour y parvenir sont nombreux et complexes.

Souvent, les espaces forestiers et agricoles demeurent des variables d'ajustement dans les planifications territoriales des zones périurbaines, et/ou se retrouvent cernés par différentes formes d'étalement urbain. En France, alors que le législateur a multiplié depuis 1999 les outils permettant aux collectivités territoriales de mieux concilier développement des espaces urbanisés et préservation d'espaces ouverts viables et durables, leur mobilisation par les élus locaux demeure bien modeste. Les zonages utilisés dans les planifications tels les PLU (Plans Locaux d'Urbanisme) et SCoT (Schéma de Cohérence Territoriale) n'offrent que des protections encore insuffisantes par rapport aux durées d'amortissement des investissements agricoles.

On peut se fixer l'objectif de réduire significativement la consommation de terres agricoles par rapport aux rythmes actuels et, par exemple, de conférer une véritable fonction d'« infrastructures vertes » aux espaces ouverts dans la structuration de la ville, et faire en sorte que les espaces agricoles deviennent davantage des agents structurants plutôt que des agents déstructurés des espaces périurbains. On peut aussi réfléchir, de façon conjointe, au devenir des espaces agricoles et des espaces urbanisés dans les documents d'urbanisme, tout en s'appuyant sur des projets agricoles durables et en faisant toute leur place aux agriculteurs. Aller ainsi vers des espaces agricoles multifonctionnels qui ne soient pas que paysagers.

Quant aux espaces forestiers situés à la périphérie des villes, ils fournissent aux citadins de nombreux biens et services qui contribuent à leur bien-être physique et psychique. Ils requièrent en conséquence des modes de gestion spécifiques, qui doivent se fonder sur des approches de plus en plus « participatives », favorisant le dialogue entre gestionnaires (souvent publics) des forêts, collectivités territoriales et associations citoyennes.

Chapitre 4
Réflexions d'un écologue

« Une tendance passéiste, assez à la mode, voudrait que la nature soit bonne par principe. La nature, la science l'a en partie domptée pour l'empêcher de nous tuer ! [...] Moi-même, spécialiste des écosystèmes, je suis ce que l'on peut appeler un écologiste. Mais je ne prête pas à la nature des intentions bienveillantes. Je la connais trop bien. »

Didier Raoult (2010).

« Si même un seul lombric manquait, l'eau stagnante altérerait le sol et la moisissure ferait tout pourrir. Si une seule fonction importante manquait dans le monde animal, on pourrait craindre le plus grand désastre dans l'univers. »

Carl von Linné (1972).

On se réfère (parfois) à l'écologie scientifique pour justifier certaines prises de position en matière de gestion de la nature. Mais la science écologique évolue elle aussi, et les paradigmes fondateurs de la discipline, il y a plus d'un siècle, ne sont plus toujours pertinents actuellement. Ainsi, on continue à utiliser implicitement des concepts périmés, tels que l'équilibre de la nature ou le climax, alors que l'écologie scientifique parle de variabilité et de trajectoires d'écosystèmes. D'autre part, on aborde la problématique de la biodiversité avec des idées reçues et une démarche manichéenne : la nature est nécessairement accueillante et bienveillante (voir les services écosystémiques) ; l'homme est nécessairement destructeur de la nature (voir l'érosion de la biodiversité) ; les espèces invasives sont nécessairement une calamité ; etc.

Ces jugements de valeur ne relèvent pas de l'écologie scientifique pour deux raisons. D'une part, elle n'a pas vocation à traiter des rapports nature/sociétés, mais à décrire le plus objectivement possible (et ce n'est pas facile) le fonctionnement des systèmes écologiques. D'autre part, et dans la suite de ce qui précède, l'écologie doit aborder les questions relatives à la protection et à la restauration de la biodiversité biologique avec une démarche plus ouverte, plus systémique dirons-nous, qui ne soit pas seulement la recherche de preuves à charge des destructions occasionnées par les activités anthropiques, mais une analyse des conséquences aussi bien négatives que positives de ces activités. La littérature internationale, par exemple, commence à s'ouvrir à l'idée que les invasives peuvent jouer un rôle considéré comme positif dans les systèmes écologiques (Davis *et al.*, 2011). Sans compter que l'écologie a connu de véritables révolutions au cours des dernières décennies, grâce aux progrès de la génétique et à la mise en évidence du rôle majeur des microorganismes dans le fonctionnement de la biosphère, ainsi qu'à l'émergence de nouveaux paradigmes tels que le mutualisme, alors qu'on avait privilégié la compétition jusque-là. C'est ce que je voudrais très brièvement exposer dans ce chapitre.

Le mythe d'une nature vierge

De manière un peu schématique, la biodiversité colporte le mythe d'une nature vierge, qui est la nature idéale, celle qui n'aurait pas été modifiée par l'homme. Des pionniers américains de la protection de la nature ont développé une idéologie du *wilderness*, ou de la nature vierge et sauvage. C'est une vision romantique et nostalgique de la nature, des grands espaces américains tels qu'ils existaient avant l'arrivée des Européens et leur mise en valeur. Mais nous ne sommes pas en Amérique du Nord car, en Europe, la « nature » telle que perçue par les citoyens, ce sont des milieux agropastoraux, façonnés et construits par l'homme depuis des millénaires. La diversité biologique que nous connaissons et que nous apprécions est ainsi une diversité biologique « hybride », résultant de l'action conjuguée de la dynamique spontanée de la diversité biologique et de l'agriculture.

Nous avons vu également que la diversité biologique en métropole avait connu une histoire mouvementée avec notamment, au cours du Quaternaire, des épisodes de glaciations que certains qualifieraient de « catastrophes écologiques », qui ont éradiqué une grande partie de la flore et de la faune qui s'étaient installées en Europe lors des périodes précédentes. Il est important de comprendre que notre diversité biologique est fortement appauvrie par rapport aux régions tropicales du fait de ces événements climatiques particulièrement sévères et récents à l'échelle géologique. La diversité biologique actuelle correspond en réalité aux vestiges d'une nature qui fut, à certaines époques, plus luxuriante, et à d'autres époques réduite à peu de chose. Une nature qui s'est enrichie progressivement depuis le dernier cycle glaciaire, avec des espèces ayant migré naturellement ou grâce aux hommes, et des systèmes écologiques d'origine spontanée ou artificielle. Qui plus est, cette nature n'est pas figée : avec le réchauffement climatique en cours, on doit s'attendre à ce que des espèces disparaissent alors que d'autres s'installeront sur le territoire métropolitain. Cette réalité paraît dure à admettre pour certains !

Selon un article récent d'un groupe d'archéologues et de paléo-écologues, la nature vierge, sauvage ou pristine est un mythe moderne sans consistance. « Il existe un lien fort entre les schémas actuels de diversité biologique et les processus historiques. Les effets combinés des activités humaines à travers les millénaires incluent sur toutes les surfaces continentales la création d'assemblages d'espèces très cosmopolites et extensivement modifiés. Les paysages "vierges" n'existent tout simplement pas, et cela depuis des millénaires » (Boivin *et al.*, 2016).

La diversité biologique métropolitaine est donc un melting-pot d'espèces et d'habitats qui s'est constitué en fonction des opportunités et du hasard. Cette nature doit tout autant aux processus naturels qu'aux actions de l'homme. Il n'y a donc pas de nature idéale, ni de « système de référence » en matière de restauration qui corresponde à une nature non perturbée. À moins de prôner l'éradication de l'espèce humaine, il n'est guère sérieux d'envisager de rétablir une nature non perturbée par l'homme. Il faut donc rechercher des compromis. La question à se poser est donc « quelles natures voulons-nous ? » dans la société qui est la nôtre, avec ses besoins en ressources naturelles et ses valeurs.

Simultanément, il faut sortir de ce cercle peu vertueux selon lequel l'homme est le destructeur de la nature, que certains mouvements conservationnistes continuent à distiller insidieusement. Bien entendu, l'homme peut détruire, mais il peut tout autant construire. La preuve en est que beaucoup des systèmes écologiques créés par l'homme sont maintenant des hauts lieux de naturalité, à l'exemple de nos grandes zones humides, de nos bocages, de certaines forêts, ou même de réservoirs artificiels tels que le lac du Der-Chantecoq.

La diversité biologique est contingente

Une des rares lois universelles en écologie est que la distribution des plantes et des animaux dépend du climat (température, humidité) et du contexte géomorphologique (nature des sols, altitude, etc.). C'est ce que l'on appelle la biogéographie. Mais il s'agit d'une loi générale qui n'explique pas pour autant la composition locale en espèces des systèmes écologiques. Sans aller jusqu'à dire que chaque écosystème est spécifique, les écologues de terrain savent qu'ils sont très hétérogènes. Ils sont en effet fortement contingents, c'est-à-dire que leur composition et leur mode de fonctionnement sont étroitement dépendants des contextes locaux et régionaux dans lesquels ils se situent. Ainsi, chaque région, voire chaque territoire, a son histoire climatique et évolutive, et la diversité biologique qui lui est associée est le produit de cet héritage. De ce point de vue, la situation en Europe n'a rien de comparable avec celle de l'Amazonie ou de l'Australie ! Et ce qui est vrai ici ne l'est pas nécessairement ailleurs ! En d'autres termes, l'extrapolation de résultats obtenus dans une situation donnée à une région ou à un continent, voire à l'ensemble du globe comme on le fait parfois, ne va pas de soi et nécessite pour le moins une grande prudence (sur l'érosion de la biodiversité, voir notamment le chapitre 5). La confusion prend source dans l'amalgame de situations dont on tire des généralisations hâtives qui ne correspondent plus aux réalités locales du terrain.

En outre, il y a une part importante de hasard et d'incertitude dans la constitution des peuplements. Nous avons en général une vision négative du hasard, car il évoque des phénomènes qu'on ne peut pas prévoir ou expliquer. Pourtant, le paléontologue S. J. Gould (1991) a largement discuté du rôle positif du hasard et de la contingence dans l'évolution. De fait, l'histoire des systèmes écologiques fait une large place au hasard (Pavé, 2007). Si on se réfère par exemple à l'histoire de la diversité biologique en Europe, le hasard et la conjoncture ont joué un rôle majeur dans la recolonisation des terres libérées des glaces par les flores et les faunes actuelles (Lévêque, 2008b). Nous devons nous faire à l'idée que les aléas de toute sorte font partie du fonctionnement des systèmes écologiques, comme nous l'a montré l'écologie rétrospective. Pas facile, quand on a pendant des décennies raisonné sur des systèmes à l'équilibre… et avec une vision déterministe du fonctionnement des systèmes écologiques.

> « Le rôle joué par le hasard doit nous interpeller sur la perception scientifique qu'on a de la nature. Le terme d'écosystème est révélateur d'une vision déterministe, structurée, où le hasard n'est vu que comme un bruit de fond brouillant notre perception. Or il joue un rôle central : l'écologie doit le reconnaître et faire alors sa "révolution copernicienne", changer de paradigme. »
>
> Alain Pavé (2011).

En bref, la dynamique des systèmes écologiques n'obéit pas seulement à des lois déterministes, et le hasard est omniprésent, ce qui remet en cause la notion classique d'équilibre de la nature. Or on ne sait pas bien comment le prendre en compte ! Dans ce contexte, il est bien difficile de prédire l'évolution à long terme des systèmes écologiques, et le recours aux modèles n'y change rien. Reconnaître le rôle du hasard et de l'instabilité, c'est un peu ouvrir la boîte de Pandore, pour les gestionnaires. On sait que le principe de l'équilibre de la nature est faux, mais c'est tellement plus confortable.

Des systèmes écologiques sur trajectoire

Pour Moscovici (1972), l'opposition homme-nature serait née de l'idée que la nature est universelle, alors que les sociétés sont diverses. Cette notion de nature universelle, donc uniforme, suggère l'existence d'une configuration stable dans le temps et dans l'espace. Il y aurait donc un ordre naturel, que l'action de l'homme va contrarier. « Mais cette notion n'a guère de fondement, ajoute Moscovici. Le contraste entre l'unicité de la première et la diversité de la seconde fait partie de ce lot restreint de certitudes sur le bien-fondé desquelles, malgré les saines habitudes de l'esprit scientifique porté à tout réexaminer, on ne s'interroge guère. »

Cette idée de nature universelle et stable est d'autant plus périmée que les changements climatiques en cours nous rappellent fort opportunément que la nature est dynamique. Il est vrai que, pendant longtemps, l'idée de l'équilibre de la nature a été un principe fondateur de l'écologie. Elle est issue de l'époque où l'on pensait que le monde avait été créé par Dieu, et qu'il était donc parfait. Linné, le père de la taxonomie binomiale toujours en usage, n'avait d'ailleurs d'autre ambition au XVIIIe siècle que de décrire l'œuvre de Dieu… Depuis, on a désacralisé la nature, en Occident tout au moins, tout en conservant cette représentation d'une nature idéale, stationnaire, que l'écologie a dénommée « climax » au début du XXe siècle. Par la suite, les écologues de terrain ont bien pris conscience que les milieux naturels n'étaient pas figés, et qu'ils se modifiaient au cours du temps. On a ainsi appelé « résilience » (Holling, 1973) la capacité d'un écosystème à maintenir ses fonctions essentielles malgré les perturbations qu'il subit. En réalité, ce concept de résilience, qui reconnaît la variabilité des systèmes écologiques, est resté longtemps ancré à la notion de stabilité, puisqu'on y parle de retour à l'état initial ! Plus récemment, les recherches se sont orientées sur la question de la « transformabilité », qui est la capacité à créer un nouveau système, différent du précédent, quand les conditions écologiques économiques et sociales évoluent (Mathevet et Bousquet, 2014).

Les observations à long terme nous montrent sans ambiguïté que l'existence d'une nature en « équilibre » est une utopie. On dit que les systèmes écologiques décrivent des trajectoires, c'est-à-dire que leur structure et leur fonctionnement se modifient continuellement et qu'il n'y a pas de retour en arrière possible. La notion de biodiversité ne peut ainsi se réduire à celle de diversité ou d'abondance des espèces, mais doit inclure la notion de variabilité, cette capacité à évoluer dans le futur et dans l'espace (Gosselin, 2014). Il en est de même, d'ailleurs, des systèmes sociaux avec lesquels ils sont en interaction et il y a de perpétuels réajustements entre ces systèmes. En d'autres termes, prendre pour référence une situation historique en matière de restauration est un véritable non-sens.

On n'est pas à un paradoxe près : bien qu'on sache que l'équilibre (ou la stationnarité) est un leurre, on continue à raisonner, en science comme en matière de gestion ou de conservation, comme si c'était le cas. Ainsi, au-delà du concept périmé de climax, divers concepts de l'écologie scientifique, sous des formes nuancées, sont porteurs de l'idée d'équilibre de la nature. On parle par exemple du « bon état » des écosystèmes aquatiques, ce qui implique l'existence d'un état idéal, servant de référence pour évaluer les impacts. On parle aussi de « système de référence avant perturbation » dans les projets de restauration, ce qui laisse supposer que l'on peut revenir à un état antérieur (Lévêque, 2013). Des concepts virtuels, technocratiques disent certains, qu'il est bien difficile de rendre opérationnels quand on veut faire des recommandations concrètes aux gestionnaires.

L'approche normative de la diversité biologique érigée en objectif à atteindre, telle qu'on veut nous l'imposer, est incompatible avec la notion de trajectoire écologique. Cette dernière dépend de nombreux facteurs qui vont, de manière plus ou moins conjoncturelle et aléatoire, infléchir la trajectoire. Les usages ou, comme c'est parfois le cas, le maintien sous perfusion de certaines pratiques, permettent un certain pilotage local de la dynamique des systèmes écologiques, mais dans les limites des contraintes imposées par le climat et le contexte socioéconomique. Car si ces derniers évoluent, beaucoup d'autres paramètres vont également changer.

Les difficultés de la prospective

La gestion des systèmes écologiques repose sur le dogme que les connaissances scientifiques vont permettre d'assurer une meilleure gestion de notre environnement. Meilleures sont les connaissances scientifiques et meilleures seraient les recommandations faites aux gestionnaires, selon le discours récurrent des écologues… Mais toute l'architecture de ce discours cartésien est en réalité très contestable. Elle se base sur une vision mécaniste de la nature, héritée des sciences physiques, selon laquelle la nature obéirait à des lois universelles. Or ces lois sont peu nombreuses en écologie (Lawton, 1999). Elle repose aussi sur une vision fixiste de la nature, avec les concepts d'équilibre et de stationnarité, dont on sait qu'ils ne s'appliquent pas aux systèmes écologiques. La dynamique de la diversité biologique est sous la contrainte de facteurs exogènes (climat, température, précipitations, activités humaines) et de facteurs endogènes (dynamiques des populations, parasitismes, etc.), dont certains résultent tout simplement du hasard. Dans ce contexte, le futur est nécessairement différent du passé, ce qui nous amène à prendre des décisions en situation d'incertitude !

Ainsi, il est difficile de faire des prévisions, car on ne maîtrise pas l'évolution du climat et de ses aléas, ni certains phénomènes tels que les espèces qui se déplacent et se naturalisent (que certains appellent invasives) ou les épidémies. Il est d'ailleurs symptomatique que de nombreux projets de conservation ou de restauration ne fassent pas de prospective. Faut-il y voir la récurrence de l'idée que les systèmes écologiques sont à l'équilibre et qu'il n'y a donc pas lieu de s'inquiéter du futur, puisqu'il n'y a qu'un seul état possible ? Peut-être, mais s'intéresser au futur implique également de posséder la boîte à outils pour le faire et, surtout, que l'on accepte l'idée que le futur puisse être différent du présent. Ce qui implique également d'accepter une part d'incertitude et de hasard.

Le pilotage (relatif) des trajectoires écologiques suppose que l'on puisse anticiper quelque peu l'évolution des paramètres édaphiques qui vont conditionner à la fois le fonctionnement écologique et les pratiques des sociétés. Or nous sommes actuellement confrontés à cette question du réchauffement climatique, avec de nombreuses incertitudes quant à ses conséquences. Il y a eu quelques tentatives en ce sens. Ainsi, le programme Explore 2070 (Medde, 2012)[7] prévoit une augmentation possible des températures moyennes de l'air de l'ordre de + 1,4 °C à + 3 °C d'ici 2070, une baisse des précipitations en été sur l'ensemble de la métropole, en moyenne de l'ordre de – 16 % à – 23 %, ainsi qu'une baisse de l'ordre de 10 % à 40 % des débits moyens annuels des fleuves selon les simulations, baisse particulièrement prononcée sur les bassins Seine-Normandie et Adour-Garonne. L'ampleur de ces changements doit nous interpeller sur le futur de nos systèmes naturels anthropisés et la pertinence des mesures de conservation-restauration que l'on est en train de mettre en place, parfois à grands frais, sans tenir compte de ces changements potentiels à un horizon pas si lointain. Les zones humides, par exemple, seront probablement les premières concernées par des modifications éventuelles de la pluviométrie. On laisse faire la nature ? Ou on intervient pour les maintenir ?

Quant aux systèmes littoraux, la remontée du niveau marin pourrait, à une échéance pas si lointaine également, avoir des conséquences sociales et économiques importantes. La Camargue est soumise à l'heure actuelle à une forte érosion, qui résulte en partie d'une réduction des apports en sédiments du Rhône depuis la construction des barrages sur le fleuve. Depuis des décennies, elle se protège derrière des digues mais on s'interroge sur leur efficacité si le niveau marin monte comme on le prévoit. Or, si les cordons sableux venaient à être détruits, le recul du trait de côte dans la région des Saintes-Maries-de-la-Mer serait d'environ 13 km, et les terres basses submersibles s'étendant jusqu'à l'étang de Vaccarès disparaîtraient sous les eaux de la Méditerranée (Duvat, 2012). Que fait-on ?

---

7. https://www.cairn.info/publications-de-Perrin-%20Charles--98631.htm

Collaborer pour survivre : mutualisme et symbiose

Il faut se battre pour survivre, dit-on. Et nous avons appris que la lutte pour la vie était un phénomène « naturel ». En effet, l'écologie scientifique s'est beaucoup appuyée sur la notion de compétition entre espèces pour l'accès aux ressources. Elle en a même fait un principe fondateur. Cette vision occidentale des rapports entre les êtres vivants est culturellement marquée par les idées en vogue à la fin du XIXe siècle, notamment celles de Malthus. Pourtant, d'autres cultures nous parlent d'harmonie, de coopération. Un scientifique japonais, Kinji Imanishi, a proposé une théorie de l'évolution basée non pas sur la compétition individuelle comme le propose Darwin, mais sur la coopération du groupe et le mutualisme. On peut la résumer ainsi : dans la nature, le mutualisme est plus fréquent que la lutte pour la vie. Les êtres vivants coopèrent et s'approprient collectivement des territoires en pratiquant le mutualisme plutôt que la compétition.

Cette théorie est longtemps restée anecdotique dans le monde scientifique. Pourtant, les relations mutualistes sont fréquentes dans le monde vivant, on en découvre un peu partout. La symbiose, par exemple, est une association indissoluble et durable entre deux espèces dont chacune tire bénéfice. Les lichens poussant sur les vieux murs ou les troncs d'arbres, voilà un bel exemple de symbiose : une algue et un champignon se sont associés pour le meilleur et pour le pire. Dans le mutualisme ou le commensalisme, les espèces peuvent encore mener une vie indépendante.

En fait, le mutualisme est très répandu chez les plantes. Quand vous regardez un arbre, vous n'imaginez pas qu'il existe dans le sol une intense activité de microorganismes dont dépend, en définitive, la bonne santé de l'arbre. La terre, autour des racines des végétaux, contient de nombreuses bactéries et des champignons microscopiques. C'est la rhizosphère, une interface essentielle entre la plante et le sol dont on a découvert qu'elle jouait un rôle majeur dans la nutrition des plantes. Surprenant : beaucoup de bactéries symbiotiques de la rhizosphère sont les mêmes que les bactéries symbiotiques qui vivent dans l'intestin des animaux. Ce sont essentiellement des bactéries lactiques (*Escherichia coli*, *Lactobacillus* spp., etc.). Dans les deux environnements, elles jouent un rôle fondamental dans l'assimilation des nutriments. Leur abondance est un signe de bonne santé ! La plante est d'autant plus vigoureuse, et résistante aux parasites, que sa rhizosphère est plus riche.

Les champignons du sol forment également des associations symbiotiques avec les racines des végétaux. Si l'on supprime expérimentalement ces champignons, les plantes souffrent de carences nutritives et dépérissent. Inversement, la plante fournit des composés carbonés au champignon associé. L'association mycorhizienne, ainsi qu'on la nomme, remplit une fonction déterminante dans les mécanismes de protection de la plante contre les attaques microbiennes. Les champignons jouent d'abord un rôle de barrière mécanique, et ils sécrètent des antibiotiques efficaces sur la flore microbienne pathogène.

Il y a de très nombreux exemples d'associations mycorhiziennes. Ainsi, entre le cyprès, les champignons et la lavande, il y a une association à bénéfices réciproques. Le cyprès se développe en symbiose avec des champignons microscopiques. Il fournit des sucres aux champignons qui, en retour, facilitent l'approvisionnement de l'arbre en eau et en sels minéraux. Quant à la lavande, elle crée autour du cyprès des îlots de fertilité, riches en azote et en phosphore. Et elle favorise la multiplication des champignons et la prolifération de leur mycélium dans le sol.

Les plantes ne mangent pas de matière organique : elles la fabriquent à partir de sels minéraux (les sels nutritifs), d'eau, et d'énergie fournie par le soleil. Pour cela, elles sont avides d'azote. Si ce dernier existe en abondance dans l'atmosphère (80 %), les formes d'azote assimilables par les plantes sont souvent plus rares dans les sols. Qu'à cela ne tienne, des bactéries fixatrices d'azote peuvent utiliser le gaz atmosphérique inerte pour le mettre à disposition des plantes. La fixation biologique d'azote est ainsi le mécanisme principal permettant d'introduire l'azote dans la biosphère : environ 175 millions de tonnes d'azote atmosphérique sont fixées annuellement par les microorganismes, alors que la quantité d'engrais azotés utilisée en agriculture est de l'ordre de 40 millions de tonnes par an. C'est une histoire de symbiose. Les Légumineuses s'associent aux bactéries du groupe des Rhizobium, les aulnes aux Frankia.

Les dangers du dogmatisme : la trame verte et bleue

Le concept de corridor écologique, issu de l'écologie du paysage, a donné naissance à la notion de « trame verte et bleue » (TVB), qui est une mesure phare du Grenelle de l'Environnement. Cette notion de trame part de l'idée que la libre circulation des espèces est un gage de leur préservation. Un postulat qui reste à démontrer… L'ambition est de créer un réseau de continuités terrestres et aquatiques comprenant des « réservoirs de diversité biologique », connectés entre eux par des corridors appelés « corridors écologiques ». Chaque réservoir de diversité biologique est un espace susceptible d'abriter des populations végétales ou animales d'où certains individus peuvent migrer pour rejoindre d'autres réservoirs en empruntant ces corridors écologiques.

Les trames vertes et bleues sont présentées comme un outil d'aménagement du territoire et de préservation de la diversité biologique s'articulant avec l'ensemble des autres outils (création des aires protégées, parcs nationaux, réserves naturelles, arrêtés de protection de biotope, Natura 2000, parcs naturels régionaux, plans nationaux d'actions en faveur des espèces menacées, etc.). Cependant, ici également, le dogme a pris le pas sur le bon sens. D'une part, de nombreuses espèces n'ont guère besoin de ces trames pour circuler, et il serait intéressant de préciser celles qui réellement en bénéficient. D'autre part, la trame bleue existe déjà au travers du réseau de canaux qui relie les différents bassins fluviaux européens. Et l'expérience que l'on peut en tirer est pour le moins mitigée : ce réseau constitue une voie royale pour les invasions biologiques, alors que la politique environnementale est au contraire de lutter contre les invasives ! Mais qui s'inquiète de cette schizophrénie ?

Quoi qu'il en soit, et afin de contribuer à la restauration des cours d'eau, des technocrates ont décidé qu'il fallait araser tous les obstacles pour rétablir la continuité écologique. Tous, mais pas les grands barrages hydroélectriques bien entendu, ni les barrages réservoirs de la Seine… Donc les seuils des moulins et les petites retenues hydroélectriques ! Ce qui a légitimement suscité de vives réactions de la part des riverains.

On semble ignorer également que la spéciation, c'est-à-dire la formation de nouvelles espèces, nécessite le plus souvent un isolement géographique. C'est ce que l'on appelle, en langage savant, la spéciation allopatrique : deux populations de la même espèce qui s'isolent évoluent indépendamment avec le temps et donnent, à terme, naissance à des espèces différentes. Si chacune n'existe que dans un espace limité, on les qualifie alors d'endémiques. Ce phénomène est particulièrement bien connu pour les systèmes aquatiques continentaux, où la grande richesse en espèces recensées dans ces milieux résulte en réalité du fort taux d'endémicité lié au fait que beaucoup de systèmes fluviaux ou lacustres sont isolés les uns des autres (Lévêque, 2016).

Chapitre 5

Qu'en est-il de l'érosion de la diversité biologique en métropole ?

« Dans les sciences du vivant comme ailleurs, de nombreux termes sont galvaudés et de nombreux concepts sont surfaits. On lit par exemple l'affirmation que "la diversité biologique de nos écosystèmes est menacée". Qu'entend-on par là ? La diversité biologique et même l'écosystème sont de bons exemples de termes ambigus possédant de nombreuses définitions… Ainsi, la prochaine fois que nous entendons un orateur prétendre que la diversité biologique écosystémique (ou tout autre concept flou) est menacée, demandons-nous si ce n'est pas le concept lui-même qui est menacé. Demandons-nous si l'emploi de ces termes apporte autre chose que le simple avantage cognitif de l'orateur sur son public. »

Cédric Gaucherel (2013).

À en croire les discours médiatiques, nous serions en train de vivre la sixième grande extinction de masse, par référence aux cinq grandes périodes géologiques durant lesquelles une grande partie des espèces vivantes a disparu de la surface de la Terre. Les mots ont leur importance et il s'agit de préciser ce qu'ils recouvrent. De quoi parle-t-on en matière d'érosion ? Parle-t-on de l'érosion des habitats, des espèces ou des gènes, pour reprendre la définition de la diversité biologique ? Parle-t-on de la disparition complète d'une espèce, ou de sa disparition locale, ou de la baisse de ses effectifs, qui peut être parfois inquiétante ? Parle-t-on de la diversité biologique en général, ou de certains groupes taxonomiques, ou encore de certaines espèces emblématiques ? Parle-t-on de l'Amazonie ou de la Sibérie ? En réalité, l'expression « sixième extinction » est utilisée sans aucune précision, ce qui ne manque pas de nous interpeller sur la rigueur de la démarche.

Il est indéniable que l'espèce humaine est à l'origine de la disparition d'autres espèces, et transforme son environnement. Outre les espèces officiellement disparues, peu nombreuses en réalité, nombre de populations sont actuellement fragilisées dans le monde, soit par surexploitation, soit parce que leurs habitats se détériorent. Mais les différentes régions du monde et les différents groupes d'organismes vivants ne sont pas affectés de la même manière. La pratique de l'amalgame et de la globalisation qui conduit à cette affirmation cache en fait des situations contrastées. Il n'y a aucune évidence, par exemple, que la situation soit à ce point dramatique en Europe – ce qui ne veut pas dire qu'il n'y a pas de problèmes dans d'autres régions du monde. Mon propos concerne la métropole (entendue comme sous-ensemble de l'Europe), qui a sa propre histoire et ses propres perspectives en matière de diversité biologique. En effet, comme nous l'avons vu dans les chapitres précédents, l'Europe, qui a subi des épisodes climatiques extrêmes, est plutôt une terre de reconquête pour la diversité biologique. Sans compter que les informations qui circulent actuellement sur cette supposée sixième extinction de la diversité biologique sont peu fiables. Cette expression largement relayée par les médias en mal de sensationnel, avec la complicité des mouvements militants, des ONG et de certains scientifiques, relève beaucoup plus d'un slogan que d'un fait établi.

Petit rappel de fausses prédictions

On peut rappeler à ceux qui auraient perdu la mémoire que Paul Ehrlich, l'inventeur de la « bombe P » (la bombe démographique), annonçait, au début des années 1980, que 250 000 espèces disparaissaient chaque année, et que la moitié de la diversité biologique aurait disparu en l'an 2000. Cela prêterait à sourire aujourd'hui, mais beaucoup de scientifiques avaient cautionné sans sourciller ces exagérations ! Pourquoi n'ont-ils pas fait leur métier en dénonçant de tels propos ? De même, pour le biologiste Edward Wilson, la moitié des espèces actuellement présentes sur Terre pourrait avoir disparu d'ici la fin du XXIe siècle. Une information probablement issue de sa boule de cristal ? Qui va contester ces élucubrations ? Au contraire, on s'en délecte, car la dramatisation est porteuse d'ouverture médiatique.

Quant à la revue *Nature*, toujours à la recherche de coups publicitaires, elle a publié en 2004 un article selon lequel un million d'espèces animales et végétales pourraient disparaître d'ici l'an 2050 en raison des changements climatiques annoncés. Très fort… quand on sait que l'inventaire de la diversité biologique reste plus que sommaire et que les modèles ne sont pas en mesure de nous renseigner correctement sur les conséquences régionales du changement climatique. Nous sommes dans la science spectacle, celle de la spéculation intellectuelle habillée des atours de la science. L'objectif est malheureusement simple : se faire connaître et tirer bénéfice d'un discours repris par les médias pour au mieux financer des recherches, mais le plus souvent pour des enjeux de pouvoir.

L'érosion dans le contexte européen

L'Europe a connu, avec les cycles de glaciations, des périodes que l'on peut qualifier d'érosion massive. Tous les cent mille ans, en moyenne, l'essuie-glace est passé, éradiquant une grande partie de la flore et de la faune qui avait pu recoloniser le continent en période interglaciaire. Le niveau marin a beaucoup fluctué également. La diversité biologique européenne n'est donc pas l'héritage de millions d'années d'évolution tranquille, mais c'est tout à la fois le résidu de la flore et de la faune qui ont subi les nombreux épisodes glaciaires et le produit de la recolonisation des zones libérées des glaces par des espèces venues des zones périphériques, ou venues d'ailleurs. À l'échelle géologique, ces événements sont très récents.

Une grande partie de la mégafaune terrestre (mammouth, rhinocéros laineux, antilope saïga, cerf mégacéros, bœuf musqué, etc.) qui peuplait l'Europe, mais aussi l'Amérique du Nord et l'Eurasie il y a dix mille à douze mille ans, a disparu à la fin de la dernière période glaciaire. Certains mouvements militants n'ont pas manqué d'affirmer que l'homme serait responsable de cette disparition en Europe, ainsi qu'en Amérique du Nord, où la densité de population à cette époque était très faible… Si l'homme a pu mettre un terme à l'existence de certaines populations déjà fortement fragilisées, on s'interroge sur le fait qu'il soit responsable de leur extinction complète, car il n'existe pas beaucoup d'indices pour supporter une telle hypothèse. Il est d'ailleurs curieux qu'en Afrique, berceau de l'humanité, peuplée par des sociétés de chasseurs, la mégafaune ait survécu !

Certains pensent que la disparition de la mégafaune serait le résultat des phénomènes récurrents de glaciations ! Une théorie parmi d'autres voudrait que ces grands herbivores aient disparu du fait d'un manque de nourriture. Une étude de la revue *Nature* (Willerslev, 2014) apporte une tentative d'explication. En séquençant les ADN des contenus stomacaux prélevés sur des mammifères congelés dans le permafrost (mammouths, bisons, chevaux, rhinocéros), on a découvert que la flore arctique était d'une grande richesse il y a cinquante mille ans, et que la moitié des plantes ingérées étaient des fleurs sauvages, telles que le trèfle, beaucoup plus riches en protéines que les graminées. Au cours du maximum glaciaire (il y a environ vingt mille ans), l'environnement devient très froid et sec, et la diversité végétale décroît, mais les plantes à fleurs restent dominantes. Des changements importants surviennent il y a environ douze mille ans avec l'apparition de la toundra, dominée par des graminées et des arbustes. Ce changement coïncide avec le déclin de la mégafaune. Ceci expliquerait aussi pourquoi le renne est le seul survivant de cette mégafaune : il se nourrit d'herbe et de carex en été et de lichens en hiver, de telle sorte que la disparition des plantes à fleurs ne l'a pas affecté.

De manière générale, on reconnaît que les grands herbivores se nourrissaient de la végétation des steppes et que la disparition de ces grandes étendues lors du dernier réchauffement climatique a été préjudiciable à beaucoup d'entre eux (Foucault, 2010). Il y a neuf à dix mille ans, il ne restait pratiquement plus de steppe entre la toundra au Nord et les forêts du Sud. Les grands carnivores (lions, ours des cavernes, hyènes, etc.), privés de leurs proies, auraient disparu à leur tour. Mais nous sommes dans le domaine spéculatif. Il y a, et il y aura, d'autres spéculations concernant la disparition de la mégafaune. Difficile de connaître l'exacte vérité. Mais, pour le moins, arrêtons de tout mettre sur le dos des humains !

Quelques éléments sur la richesse en espèces en France métropolitaine

Les données chiffrées concernant les inventaires de flore et de faune sont toutes sujettes à discussion, notamment en raison des difficultés à identifier les espèces et à se mettre d'accord sur leur niveau taxonomique ou leur statut (natives ou introduites), et en raison de la découverte permanente de nouvelles espèces, du fait de nouvelles technologies ou de meilleurs inventaires. Il ne faut donc pas s'étonner que, d'un auteur à l'autre, les chiffres ne soient pas identiques pour beaucoup de groupes.

Selon l'Inventaire National du Patrimoine Naturel, abrité par le MNHN[8], la diversité biologique métropolitaine, qui recouvre quatre zones bioclimatiques (atlantique, méditerranéenne, continentale et alpine), est l'une des plus importantes de l'espace géographique européen. La France héberge environ 6 000 espèces de plantes vasculaires indigènes, ce qui la place juste derrière l'Espagne (7 500 espèces). Si on ajoute à ces espèces indigènes les espèces naturalisées, introduites volontairement ou non, les subspontanées (échappées de culture, mais ne se propageant pas) et les accidentelles recensées sporadiquement, ce sont de l'ordre de 10 000 espèces de plantes vasculaires que l'on peut rencontrer dans notre pays. La France métropolitaine abrite également de nombreuses plantes dites non vasculaires, dont près de 900 espèces de mousses, environ 300 espèces d'hépatiques et 1 700 espèces d'algues (rouges et vertes). Il existerait également en métropole, milieux terrestres et aquatiques confondus, plus de 9 000 espèces de champignons, 1 150 espèces de bryophytes et 176 de ptéridophytes.

La faune de France métropolitaine est d'une richesse intermédiaire entre les pays du Nord, relativement pauvres en espèces, et les pays méditerranéens plus riches en espèces, ce qui est le résultat de l'histoire climatique récente. Comme indiqué sur le site de l'inventaire du patrimoine, « il est difficile de dire combien il y a d'espèces animales en France, ceci d'autant plus qu'il existe encore des groupes entiers d'invertébrés pour lesquels les connaissances sont très fragmentaires ». Rien que pour les insectes, on compte près de 40 000 espèces recensées actuellement. Quant au nombre d'espèces introduites, il est aussi difficile à évaluer !

Les espèces endémiques sont celles qui n'existent que dans une aire géographique donnée. Pour que les espèces endémiques se différencient des autres, il a fallu une période d'isolement suffisamment longue. De manière générale, il y a peu d'endémismes en Europe, compte tenu de l'histoire climatique récente. Selon les statistiques du ministère de l'Environnement[9], pour 57 532 espèces recensées en métropole en milieu terrestre et aquatique, seules 1 456 espèces seraient endémiques, soit 2,5 % de l'ensemble cité. De plus, une grande proportion de ces endémiques est représentée par quelques groupes : les insectes (1 139 espèces sur 36 627 recensées en métropole, soit environ 3 %), les mollusques (210 sur les 654 présentes, soit 32 %) et les plantes phanérogames (87 sur 8 920, soit moins de 1 %). Chez les 3 247 espèces connues du milieu marin métropolitain, il n'y a aucune endémique.

Espèces endémiques

Les espèces endémiques sont des espèces dont l'aire de distribution est restreinte et qui n'existent que dans cette zone à l'état spontané. Par exemple, le petit poisson de l'espèce *Cottus gobio* (le chabot) fréquent dans toute la France. Mais les analyses génétiques ont montré que, dans la zone amont du Lez, l'un des plus petits fleuves côtiers français, il existait une population différente, qui a été reconnue comme une nouvelle espèce : *Cottus petiti*, dont l'aire de répartition est très restreinte, ce qui correspond à la définition de l'endémisme. De nouvelles découvertes de ce type sont probables

---

8. http://inpn.mnhn.fr/informations/biodiversite/france (consulté le 30 mars 2017).

9. http://www.statistiques.developpement-durable.gouv.fr/lessentiel/ar/259/1115/flore-faune-france-metropolitaine-ses-territoires-doutre.html (consulté le 30 mars 2017).

L'endémisme est plus élevé dans les zones isolées telles que les îles (notamment la Corse) et les massifs montagneux (Alpes méridionales et Massif central). De manière générale, la métropole a un faible taux d'endémisme par rapport à l'outre-mer. Mais, en même temps, la forte proportion d'endémiques dans certains groupes comme les mollusques laisse à penser que la spéciation a pu avoir lieu rapidement après la recolonisation des habitats libérés par les glaces.

En ce qui concerne les vertébrés, si on exclut les espèces introduites, domestiques et accidentelles, on en compterait presque 1 500, dont environ la moitié vit en milieu marin. Seule une quinzaine d'espèces (soit environ 1 %) ne se trouve qu'en France métropolitaine.

Statut de la faune et de la flore françaises selon les ONG[10]

En métropole, 20 % des espèces de vertébrés évaluées par l'UICN sont considérées comme menacées : 11 espèces de mammifères sur les 119 espèces présentes (9 %), 92 oiseaux nicheurs sur 284 (32 %), 9 reptiles sur 38 (24 %), 8 amphibiens sur 35 (23 %), 15 espèces de poissons d'eau douce sur 69 (22 %), 11 requins, raies et chimères sur 83 (13 %). 17 % des orchidées, 6 % des papillons de jour et 28 % des crustacés d'eau douce seraient aussi menacés.

On notera que l'appellation « menacée » recouvre des statuts différents : « en danger critique », « en danger » ou « vulnérable », ce qui signifie que les populations de ces espèces ont atteint des niveaux plus ou moins critiques selon ces critères, sans pour autant avoir disparu. Il en résulte que certaines espèces peuvent devenir rares en métropole mais conserver des populations encore abondantes dans d'autres pays européens. Dans ces conditions, on ne peut pas parler de disparition d'espèces.

Selon la liste rouge UICN, 513 espèces de la flore de France sont menacées de disparition[11]. Une espèce endémique de France, la violette de Cry, est recensée éteinte à l'échelle mondiale, et une autre espèce a disparu de métropole, la cotonnière négligée. Quatre autres espèces sont éteintes à l'état sauvage, mais maintenues en culture, dont trois espèces de tulipes[12].

Il est intéressant de mentionner les commentaires du site de l'inventaire du patrimoine concernant la fameuse érosion de la diversité biologique : « Le degré de menace de la plupart des espèces d'invertébrés est inconnu. On sait toutefois que leurs milieux de vie subissent souvent de graves atteintes. Pour ce qui concerne les vertébrés, la situation est fortement contrastée d'un groupe à l'autre. On estime qu'environ 20 % des vertébrés autochtones évalués jusqu'à présent sont menacés (selon la Liste rouge des espèces menacées en France), ce taux variant de 9 % pour les mammifères à 27 % pour les oiseaux. Par ailleurs, le statut des poissons marins ou des mollusques de France est inconnu. » En termes clairs, on ne connaît pas grand-chose de la richesse en espèces ni du réel statut de la plupart des espèces. Évidemment, on ne parle pas non plus de la richesse en espèces des microorganismes, dont on connaît pourtant le rôle essentiel dans le fonctionnement des écosystèmes !

Pour poursuivre sur la composition de la flore et de la faune métropolitaines, on ne peut éviter de parler des espèces introduites. L'inventaire des espèces de vertébrés introduites en métropole (Thévenot, 2014) a retenu les espèces introduites et

---

10. http://uicn.fr/wp-content/uploads/2016/10/R%C3%A9sultats-synth%C3%A9tiques-Liste-rouge-France.pdf (consulté le 30 mars 2017).

11. http://uicn.fr/liste-rouge-flore/ (consulté le 30 mars 2017).

12. http://uicn.fr/liste-rouge-flore/ (consulté le 30 mars 2017).

naturalisées, c'est-à-dire qui se reproduisent sur notre sol. Ont été exclues les populations introduites mais éteintes, ou sporadiques, ou difficilement déterminables. Parmi ces dernières, il y a plusieurs dizaines d'espèces d'oiseaux dont certaines ont niché ou tenté de le faire occasionnellement en France. Il en résulte qu'il y aurait environ 40 espèces de poissons, 6 espèces d'amphibiens, 3 espèces de reptiles, 16 espèces d'oiseaux et 14 espèces de mammifères, introduites et naturalisées.

À partir d'une synthèse de la documentation disponible pour 710 espèces de vertébrés, Pascal *et al.* (2006) ont retenu 585 espèces classées en espèces éteintes, disparues, autochtones et allochtones. Ils aboutissent à la conclusion générale que, pendant l'Holocène, 51 espèces de vertébrés ont disparu du territoire et 86 s'y sont installées : un solde positif de 35 espèces. Entre 1945 et 2002, le nombre d'invasions recensées représente 75 espèces de vertébrés. La part des espèces introduites est variable et sans rapport avec l'effectif d'espèces présentes : 31 espèces introduites, soit 44 % des espèces recensées pour l'ichtyofaune, et respectivement 17 (soit 21 %), pour l'herpétofaune, 68 (soit 22 %) pour l'avifaune, 38 (soit 30 %) pour la faune mammalienne.

Zoom sur le milieu marin

Dans le domaine marin, qui représente 70 % de la surface du globe, une poignée d'espèces seulement sont considérées comme réellement éteintes (moins de 20), beaucoup d'entre elles étant, il est vrai, des vertébrés. Si le phoque moine n'est plus présent sur nos côtes, il n'a pas pour autant disparu de la Méditerranée.

Si la surexploitation des stocks de poissons est bien établie, et que cette situation doit nous interpeller sérieusement, il n'y a pas pour autant disparition d'espèces. Le cas du thon rouge a été très médiatisé, mais les mesures qui ont été prises en matière de réglementation de la pêche semblent avoir porté leurs fruits. De même, les stocks de la morue de Terre-Neuve, qui avait presque disparu dans les années 1990, sont en voie de reconstitution. La surpêche entraîne, il est vrai, une modification des écosystèmes marins qui a été bien documentée avec l'apparition, par exemple, de méduses et de mollusques céphalopodes venant occuper la place des espèces de poissons dont les effectifs ont régressé. Mais on sait aussi, compte tenu des exemples ci-dessus, que les effectifs peuvent se reconstituer quand la pression de pêche diminue.

Si la disparition d'espèces marines reste anecdotique, en revanche, l'implantation sur les côtes françaises de nouvelles espèces est loin d'être négligeable. Sur les côtes de la Manche et de l'Atlantique (Dewarumez *et al.*, 2011), on compte une centaine d'espèces introduites et naturalisées contre 4 000 espèces natives environ. Les côtes françaises sont en effet accueillantes. Outre les huîtres d'origine japonaise, on y trouve maintenant des palourdes japonaises appréciées des pêcheurs à pied, le couteau américain apprécié des oiseaux marins, mais aussi des crépidules, moins bien perçues par les ostréiculteurs. Sans compter les algues, dont la caulerpe (*Caulerpa taxifolia*) sur les côtes de Méditerranée, qui a défrayé la chronique dans les années 1990. Alors qu'on annonçait un autre désastre écologique dû à cette espèce invasive, elle est maintenant en nette régression partout. Mais une autre espèce, *Caulerpa racemosa* semble prendre le relais…

On sait aussi que les catastrophes liées aux marées noires, aussi regrettables soient-elles, n'ont pas laissé de traces indélébiles sur nos côtes (Laubier, 2004). Après quelques années, on constate même qu'une faune et une flore abondante ont recolonisé les sites pollués.

Zoom sur les milieux aquatiques continentaux

Les zones riveraines des fleuves sont à la fois des refuges et des vecteurs de propagation pour de nombreuses espèces végétales exotiques qui ont été introduites. Dans le sud-ouest de la France, il y a près de 1 000 espèces végétales exotiques établies. Mais seulement 10 % de ces espèces sont fréquentes et 1 à 5 % se révèlent envahissantes (Tabacchi et Tabacchi, 2006). Aucune réduction de la diversité des communautés autochtones n'est mise en évidence, et encore moins d'éviction d'espèces à l'échelle régionale. Dans les milieux perturbés, on observe 25 % d'exotiques, en moyenne. Dans le cas précis de l'Adour, dont le corridor fluvial héberge 2 000 espèces végétales, il n'y a pas eu de réduction de la diversité végétale au cours des vingt dernières années. Un bilan optimiste qui n'est peut-être pas vérifié partout, mais qui contrebalance le discours systématiquement négatif.

En ce qui concerne les poissons, Pascal et Lorvelec (2005) dénombrent 23 espèces de poissons naturalisées en métropole qui étaient absentes à l'Holocène, contre 47 espèces autochtones. Copp *et al.* (2005), quant à eux, dénombrent 32 espèces de poissons d'eau douce naturalisées d'origine exotique sur les 82 espèces répertoriées. À l'échelle européenne, il y aurait 76 espèces de poissons naturalisées (dont 50 sous forme de populations bien établies), surtout originaires d'Asie et d'Amérique du Nord (Lehtonen, 2002).

La Liste rouge de l'UICN mentionne 4 espèces de poissons disparues de métropole. Le *Coregonus hiernalis* (coregone gravenche) endémique du lac Léman aurait été surpêché, et le *Coregonus fera*, également du lac Léman, est signalé comme disparu dans la Liste rouge alors qu'il existe toujours, apparemment sous un synonyme, dans le Léman, *Coregonus schinzii*. Deux cyprinodontidae, *Aphanius iberus* (aphanius d'Espagne) et *Valencia hispanica* (cyprinodonte de Valence), qui avaient été signalés du Sud-Ouest n'ont plus été retrouvés en France. Quatre espèces sont signalées en danger critique d'extinction dont l'esturgeon, ce qui ne fait pas de doute, mais aussi l'anguille, ce qui est moins évident !

Thévenot (2014) mentionne une poignée d'espèces d'oiseaux exotiques strictement aquatiques et se reproduisant en France : le canard mandarin (*Aix galericulata*), le canard carolin (*Aix sponsa*), l'ouette (oie) d'Égypte (*Alopochen aegyptiacus*), la bernache du Canada (*Branta canadensis*), l'érismature rousse (*Oxyura jamaicensis*), le cygne noir (*Cygnus atratus*), le flamant du Chili (*Phoenicopterus chilensis*) et l'ibis sacré (*Threskiornis aethiopicus*). Bien évidemment, la métropole est également un lieu de passage pour de nombreuses autres espèces d'oiseaux. *A contrario*, deux espèces d'oiseaux aquatiques ont disparu de France : la sarcelle marbrée (*Marmaronetta angustirostris*) et l'érismature à tête blanche (*Oxyura leucocephala*), mais ne sont pas éteintes pour autant.

Sur les 40 espèces d'amphibiens, 6 sont des espèces naturalisées, dont la fameuse grenouille taureau, et chez les reptiles, on connaît aussi la tortue de Floride. Chez les amphibiens et les reptiles des milieux aquatiques, si certaines espèces sont réellement en danger, aucune à ce jour n'a disparu de métropole.

Pour les invertébrés aquatiques, la France comptait en 2005 au moins 43 espèces exotiques naturalisées, essentiellement des crustacés (écrevisses, amphipodes, crabe chinois) et des mollusques (Beisel et Lévêque, 2010). Ces chiffres ne tiennent pas compte des espèces qui étendent leur aire de répartition en réponse au réchauffement climatique. Seulement deux espèces d'insectes sont introduites en France, mais il y a fort à parier que la présence du moustique *Aedes albopictus* sera très remarquée là où il s'est implanté.

L'anodonte chinoise

L'anodonte chinoise (*Sinanodonta woodiana*) est originaire du Sud-Est asiatique. Ce mollusque a été introduit au début des années 1960 en Roumanie avec des poissons. Les premiers individus ont été détectés en Roumanie en 1979, et en Hongrie en 1980. Depuis, son extension se poursuit et sa présence dans de nombreux plans d'eau et bassins hydrographiques européens est régulièrement documentée.

Son arrivée en France remonte au début des années 1980, où elle s'établit en Camargue. Sa présence est par la suite signalée progressivement au niveau de Lyon, dans le bassin de la Loire, puis dans l'Ouest de la France. L'extension rapide laisse présager une inévitable et incontrôlable poursuite de l'extension. Par ailleurs, la vente en ligne de spécimens pour l'aquariophilie à titre de filtre écologique peut laisser dubitatif quant à l'efficacité de mesures de contrôle.

En Europe, en utilisant les données de la base Daisie, Gherardi *et al.* (2009), estiment que 296 espèces exotiques d'invertébrés et de poissons originaires d'autres continents sont présentes dans les eaux continentales, plus 136 autres espèces natives d'un pays européen et ayant été introduites dans un autre. Les poissons et les crustacés représentent la majorité des espèces introduites.

Les suivis à long terme de la diversité biologique sont rares en milieu aquatique, mais il y a d'heureuses exceptions. Ainsi, la faune d'invertébrés de la Moselle, affluent du Rhin, est suivie depuis le XIXe siècle (Devin *et al.,* 2005). Une seule espèce, le crustacé *Gammarus tigrinus,* aurait été introduite volontairement en 1977 près de Trêves, toutes les autres sont des introductions involontaires d'espèces ayant profité des voies de navigation pour étendre leur aire de répartition. La plus ancienne introduction recensée est celle de la moule zébrée, *Dreissena polymorpha*, présente dès 1854 près de Nancy et observée quelques années plus tard dans la Meurthe et la Moselle. La crevette d'eau douce *Atyaephyra desmaresti* et les gastéropodes *Physa acuta* et *Lithoglyphus naticoides* sont présents dans la Moselle au début du XXe siècle. Par la suite, on observe un oligochète en 1935 (*Branchiura sowerbyi*), le crabe chinois dans les années 1950 (*Eriocheir sinensis*), un cnidaire (*Cordylophora caspia*) et une méduse d'eau douce (*Craspedacusta sowerbii*) dans les années 1970, une sangsue (*Dugesia tigrina*) dans les années 1980.

Depuis 1990, plusieurs espèces exotiques se sont installées massivement sur tout le cours navigué de la Moselle française, essentiellement des crustacés et des mollusques. Ces espèces, qui montrent un véritable caractère invasif compte tenu de leurs effectifs et de leurs extensions rapides, sont les crustacés *Chelicorophium curvispinum* et *Dikerogammarus villosus*, ainsi que les mollusques bivalves *Corbicula fluminea* et *Corbicula fluminalis* (palourde asiatique). Les dernières espèces exotiques installées sur la Moselle sont les crustacés *Limnomysis benedeni, Hemymysis anomala* et le polychète *Hypania invalida* (Devin *et al.,* 2006). Ces invasions récentes sont à mettre en relation avec l'ouverture, en 1992, d'un canal entre le bassin du Danube et le Main, affluent du Rhin qui permet aux espèces ponto-caspiennes de coloniser plus facilement les cours d'eau d'Europe de l'Ouest.

Cet exemple de la Moselle montre que les espèces introduites sont nombreuses et contribuent activement au fonctionnement du système écologique. On soulignera à ce propos l'incohérence de la directive-cadre européenne sur l'eau (DCE), qui ne prend en compte que les espèces dites autochtones dans l'évaluation du bon état écologique... Encore une illustration du mythe d'une nature en équilibre que les technocrates à l'origine de la directive ont imposé.

Faisons le bilan

L'Europe a connu récemment (à l'échelle géologique tout au moins) de véritables catastrophes climatiques qui ont entraîné des extinctions massives des flores et des faunes. Une partie a pu se réfugier dans des zones refuges méridionales, mais d'autres ont disparu. Il s'est ensuivi, depuis la dernière phase glaciaire, une période de recolonisation des terres libérées par les glaces, et rien ne dit que cette période soit achevée. Cela signifie que d'autres espèces sont susceptibles de venir coloniser nos systèmes écologiques, ce que l'on constate d'ailleurs. Mais nous les considérons avec circonspection en les qualifiant notamment d'invasives, comme si le fonds floristique et faunistique européen était immuable. Il faut dire que l'homme a beaucoup contribué à cette colonisation. Comme l'indiquent Pascal *et al.* (2003), en parlant des vertébrés, « une vague d'invasions biologiques a eu lieu au Néolithique, puis le processus s'est accéléré sans surprise dès le début du XIXe siècle et le nombre d'invasions recensées entre 1945 et 2002 représente 75 espèces », soit 49 % des espèces invasives actuellement recensées. Toute la question éthique est de savoir si l'homme, à l'instar d'autres espèces comme de nombreux oiseaux d'eau, est lui aussi écologiquement qualifié pour transporter des espèces d'un point à un autre. Rappelons à ce propos que les manuels d'écologie considèrent positivement la zoochorie[13], mais pas l'action de l'homme !

Selon un bilan paru dans la revue *Science*, malgré la pollution et les autres conséquences de l'activité humaine, le nombre d'espèces, à l'échelle de la planète, ne semble pas diminuer de manière significative (Dornelas *et al.*, 2014). Ces résultats proviennent d'un travail réalisé sur des séries d'observation menées, pour certaines, depuis 1874, dans une centaine de points, dans toutes les régions du globe, des tropiques aux pôles, dans les eaux douces, les océans ou sur terre. Globalement, les séries temporelles (notamment pour les quarante dernières années) ne mettent pas en évidence de changements significatifs dans le nombre d'espèces présentes localement ou régionalement, bien qu'une légère augmentation soit observée dans les régions tempérées. Ces résultats ne confirment donc pas qu'il y aurait une accélération de la perte de la diversité biologique à l'échelle globale. Néanmoins, on a pu constater qu'il y avait, dans la plupart des régions, de nombreuses substitutions d'espèces au niveau des peuplements.

---

13. La zoochorie est le mode de dispersion des graines ou des diaspores des végétaux qui se fait grâce aux animaux.

Pour les auteurs, le fait qu'ils n'aient pas observé de perte systématique d'espèces à l'échelle globale ne vient pas contredire le fait qu'il y a des espèces en danger ou des habitats menacés, comme nous l'avons dit précédemment. Ils soulignent également que ces substitutions ne se font pas sur la base d'espèces jouant un rôle équivalent ou ayant des traits biologiques similaires, et que, dans un tel contexte, on peut s'attendre à la création de nouveaux écosystèmes, ou du moins d'écosystèmes fonctionnant un peu différemment. Nous sommes loin cependant de la catastrophe annoncée !

Bien évidemment, cet article a suscité des critiques et des « contre-articles » (voir par exemple Gonzalez *et al.*, 2016). Le débat est loin d'être clos entre scientifiques qui sont loin du terrain et ne traitent que des métadonnées…

Si l'on fait le bilan des extinctions *sensu stricto* en France métropolitaine, nous sommes loin, très loin, d'observer à ce jour une soi-disant sixième extinction de masse. Il n'y a qu'un nombre restreint d'espèces signalées éteintes du territoire métro-politain, et le solde extinction/naturalisation est largement positif pour la plupart des groupes étudiés. Mais, s'il n'y a pas de disparition massive d'espèces, cela ne veut pas dire que les populations de certaines espèces ne sont pas menacées de disparition, à l'exemple emblématique de l'esturgeon. Restons donc modestes dans les déclarations médiatiques, mais vigilants pour les espèces très menacées !

Cette propension à dramatiser la situation de la diversité biologique métropolitaine est le fonds de commerce de certains lobbies. N'en déplaise aux cassandres, tout ne va pas de plus en plus mal pour notre diversité biologique. Yves Souchon et son équipe d'Irstea, qui ont mené un ingrat travail de terrain pour acquérir des informations sur la faune de nos rivières, ont compilé des données obtenues à partir de 150 stations de surveillance au cours des vingt-cinq dernières années concernant les communautés de macro-invertébrés aquatiques (tous les animaux visibles à l'œil nu de taille supérieure à 0,5 mm, tels que larves d'insectes, mollusques, crustacés, etc.). Et, surprise… il y aurait eu une augmentation de 42 % de la richesse des macro-invertébrés benthiques dans les cours d'eau en France métropolitaine entre 1987 et 2012 (Van Looy *et al.*, 2016) !

À noter que, dans quelques sites dits de référence, là où les perturbations dues aux activités humaines sont peu importantes, la diversité a été constante jusqu'en 2000, puis a augmenté de 23 % ensuite. Un coup dur pour ceux qui ne parlent que d'érosion et de sixième extinction ! Sans entrer dans le détail de ces résultats, il y aurait deux principales causes à cela. D'une part, une amélioration de la qualité des eaux, qui se traduit par une augmentation lente mais constante des taxons sensibles aux pollutions. Les efforts entrepris depuis des décennies pour limiter les rejets de polluants n'ont donc pas été vains. D'autre part, un changement très net s'est manifesté autour de 2000, que l'on attribue à une hausse de la température des cours d'eau. Si c'est le cas, ces résultats vont à l'encontre du discours ambiant qui veut que le changement climatique ait des consé-quences négatives sur la diversité biologique… encore une idée reçue qui prend l'eau !

Alors, un peu de sérieux et ne tombons pas dans la pratique de l'amalgame qui consiste à prendre des exemples aux antipodes (pas toujours bien documentés par ailleurs) pour justifier un projet local. Encore une fois, la situation en métropole n'est pas représentative de ce qui se passe ailleurs dans le monde. À chacun ses problèmes ! Mais si nous voulons gérer au mieux notre patrimoine naturel, il faut se baser sur des faits et des observations locales, pas sur des discours généraux et populistes.

Tous responsables… petites causes cachées d'une érosion

Je développe dans cet ouvrage la thèse que la nature en métropole est une coproduction entre processus spontanés et activités humaines. Autrement dit, une partie de la diversité biologique est inféodée aux usages des systèmes écologiques et aux pratiques. Des changements d'usage peuvent entraîner des changements dans la diversité biologique avec la raréfaction d'espèces… que l'on peut qualifier d'érosion. Les pertes d'usage peuvent être dues à des progrès technologiques. Ainsi, la machine à vapeur a remplacé le moulin à eau. Mais les usages peuvent être aussi liés au comportement des citoyens. Réfléchissons ! Si vous pensez qu'il faut arrêter de manger de la viande comme certains mouvements militants nous y invitent, c'est votre droit. Mais, en même temps, vous actez le déclin de l'élevage en France, ce qui veut dire que nos bocages, nos alpages, nos zones de moyenne montagne vont perdre une partie de leurs usages et vont soit se retrouver à l'abandon (ce qui pourrait faire le bonheur des tenants de la naturalité), soit s'urbaniser.

La diversité biologique patrimoniale, celle que nous cherchons à protéger, risque fort de disparaître. À moins de payer les agriculteurs pour entretenir les paysages ? Ou bien pour créer de la diversité biologique… T. Lecomte (2016) attire par exemple notre attention sur les difficultés spécifiques de l'élevage extensif en zone humide, qui permet de maintenir des habitats favorables à divers assemblages d'espèces. Ce service de maintien de la diversité biologique est insuffisamment pris en compte en raison d'un manque d'accompagnement des agriculteurs sur le plan technique ou de la valorisation des produits. La pratique du prix le plus bas chez les distributeurs, cautionnée par les consommateurs qui achètent des produits bas de gamme, conduit ainsi à une déstructuration du secteur agricole et à des pertes de cette diversité biologique patrimoniale qui nous est chère. On assiste fort heureusement à une réaction salutaire avec un regain d'intérêt de certains consommateurs pour la qualité des produits. En d'autres termes, notre mode de consommation a des conséquences indirectes sur la diversité biologique.

Ce n'est pas tout : on s'interroge par exemple sur l'impact des chats sur la diversité biologique[14]. On compte environ 12 millions de chats en métropole, qui consomment non seulement mulots et souris, mais de nombreux petits passereaux et bien d'autres espèces… Une enquête participative est en cours pour savoir quel est réellement leur impact. On sait déjà que l'introduction du chat et du rat est en grande partie responsable de la disparition de la faune endémique sur les îles. Une étude britannique révèle que le chat a un taux de prédation de 4,3 à 7,7 proies par année, ce qui semble peu. Les 8 millions de chats domestiques britanniques seraient néanmoins responsables de la mort de 52 à 63 millions de mammifères, de 25 à 29 millions d'oiseaux et de 4 à 6 millions de reptiles et amphibiens chaque année. Sans compter les chats errants, dont la population estimée à 800 000 individus doit avoir un taux de prédation plus important…

---

14. http://www.humanite-biodiversite.fr/article/chat-domestique-et-biodiversite (consulté le 30 mars 2017).

Chapitre 6

Les limites floues de la naturalité

« Quand le présent ne nous satisfait plus, malgré tout le progrès matériel qu'il nous a donné, quand les questions économiques ne trouvent plus facilement de solutions… quand nous commençons à avoir peur d'un monde qui va trop vite, nous sommes tentés de nous réfugier dans le passé, comme si le monde pouvait revenir en arrière, et nous rêvons d'une époque où la vie était plus calme, plus lente, où les choses restaient à leur place, où les changements étaient si imperceptibles qu'on avait l'impression de vivre dans un monde immobile, où le fils succédait au père, où on cultivait le même blé pour manger le même pain, où les moissons restaient à la même place, les forêts aussi. Nous reconstruisons alors un monde sans changement, mais en n'en retenant que ce qui nous convient, un monde que nous ne datons pas, un monde qui s'appelle "jadis" et qui est généralement celui de la jeunesse des hommes. »

Marcel Lachiver (1991).

Ce qui est parfois appelé « le retour à la nature » a ses partisans, qui parlent aussi de « nature décolonisée » et qui en font quelquefois un enjeu idéologique : « Peut-on espérer qu'un jour le sauvage pourra reprendre sa place dans notre pays et, avant tout, dans nos mentalités ? Ce serait une chance pour les générations futures. Une chance, mais aussi une nécessité pour l'équilibre de la planète. » (Athanaze, 2014) On peut se demander si de nombreux citoyens partagent réellement cette opinion. Car cette naturalité « n'attribue pas plus de valeur à l'espèce rare qu'à l'espèce commune, à l'espèce autochtone qu'à l'espèce exotique. Elle attribue en revanche une forte valeur intrinsèque à la spontanéité des processus quels qu'ils soient, même s'il y a "perte de biodiversité" ou pour le moins modification de la biodiversité (Schnitzler *et al.*, 2008). En d'autres termes, laissons la nature s'exprimer librement, tout en acceptant que les systèmes écologiques s'inscrivent sur des trajectoires nouvelles, proposées par la nature seule, sans intervention de l'homme, qui demeure alors un simple observateur. On dit aussi « laisser la nature retrouver ses droits », ce qui suppose que l'on attribue une valeur intrinsèque à cette nature… La naturalité apparaît ainsi comme la volonté de préserver le futur et comme un pari sur l'avenir, dans la mesure où les trajectoires des assemblages d'espèces sont difficiles à prévoir.

> « Au sens strict, la nature, c'est ce qui existe en dehors de l'homme, ce qui n'a pas été modifié et artificialisé par l'homme. Mais, de manière paradoxale, ce que nous appelons "nature" en France, ce sont en réalité des paysages façonnés et construits par l'homme depuis des millénaires… nos paysages ruraux. »
>
> André Micoud (2015) citant Nicole Mathieu et Marcel Jollivet (1989).

Cette nature, conçue comme une partie de territoire exempte d'influence humaine, cette « nature vierge », est bien évidemment un mythe en France et, de manière générale, dans la plupart des pays tempérés dont le territoire a été soumis depuis des millénaires à l'action des hommes. Mais cette représentation reste encore vivace. Le débat est vif… On peut penser, par exemple, que les friches sont l'expression de cette nature spontanée et qu'il faut les laisser évoluer librement. Mais certains n'ont pas manqué de souligner que le laisser-faire en la matière conduit à la fermeture des milieux, et donc à des changements de diversité biologique, alors que par ailleurs on essaie de protéger des espèces dites patrimoniales. On est au cœur du débat : maintenir une diversité patrimoniale (souvent emblématique mais anthropisée) ou accepter les risques d'une évolution incontrôlée, mais dans laquelle on retrouverait des processus écologiques correspondant à la « vraie » nature. On notera cependant que la valeur intrinsèque attribuée à ces processus est une valeur qui relève de l'éthique, et non pas de la science.

Cette option de naturalité, qui est à rapprocher de l'attrait du public pour la nature sauvage, a néanmoins ses limites. Que se passe-t-il lorsque la naturalité ouvre la porte à un certain nombre d'espèces indésirables ? En effet, si la nature sauvage fait rêver nos citoyens, ils ne veulent en aucun cas laisser se développer des espèces qui créent des nuisances ou qui sont à l'origine de maladies des hommes, des animaux domestiques ou des espèces cultivées. On ne manquera pas de rappeler que le loup, qui ne demande qu'à recoloniser la France, n'est guère le bienvenu. Pourtant, il y jouerait, dit-on, un rôle régulateur vis-à-vis des sangliers, par exemple ? Si certains le considèrent comme un élément essentiel de la régulation de nos systèmes écologiques, il faut savoir que le loup n'est pas présent en Grande-Bretagne, où l'on ne parle guère de la nécessité de sa présence pour le bon fonctionnement des systèmes écologiques britanniques ! Les citoyens n'ont pas les mêmes attentes en matière de nature que ceux qui veulent la protéger !

Le fantasme du retour à la nature

La représentation de la nature « sauvage », le *wilderness* des Américains, est au cœur des mouvements environnementalistes. « Naturalité » est un néologisme utilisé pour tenter de traduire le terme américain de *wilderness*. Littéralement, la naturalité se réfère à un paysage ou à un milieu naturel sauvage non modifié par l'homme (Fuhr et Brun, 2010). Une définition évidemment par trop simpliste, qui donne lieu à bien des polémiques. En effet, nombre de paysages ou de systèmes écologiques actuels et perçus comme naturels sont en réalité d'origine anthropique. Nous ne sommes pas à un paradoxe près, car cette naturalité associée à l'état de nature spontanée, indépendante des activités humaines, intègre en réalité l'héritage anthropique (Lecomte, 1999).

Aggeri (2006) a repéré plusieurs représentations de la nature sauvage au fil des siècles :
– Tout d'abord, une nature sauvage crainte et diabolisée par les citoyens jusqu'au XVIIe siècle. Cette nature est perçue comme un territoire dangereux, peu esthétique, et peu ou pas sociabilisé. C'est un territoire à coloniser et domestiquer, que ce soient les forêts ou les marais.
– Au Moyen Âge, sauvage désigne au sens propre ce qui n'a pas été modifié par l'action de l'homme. La notion de sauvage est alors opposée à la notion de domestication des plantes et des animaux.
– À partir du XVIIIe siècle les artistes romantiques ont imaginé un sauvage idéalisé. Les jardins à l'anglaise miment les espaces naturels à la fin du XVIIIe et au début du XIXe siècle en fabriquant de toutes pièces des caricatures de paysages pittoresques susceptibles de créer des émotions. Cet intérêt pour le sauvage s'accompagne néanmoins d'une mise en scène de la nature en faisant table rase de la nature spontanée préexistante.
– Au XIXe siècle, dans la continuité de la démarche romantique, la nature sauvage désigne le territoire vierge du Nouveau Monde, idéalisé et esthétisé, érigé en patrimoine naturel et culturel par les Américains, que l'on va par la suite protéger dans les réserves naturelles. Le terme « *wilderness* » est assez proche de cette définition du sauvage.
– À la fin du XXe siècle, dans une société où les territoires originels ont disparu, l'espace sauvage correspond à un imaginaire collectif, un repère onirique. La nature vierge, sauvage, devient un référentiel pour les opérations de restauration et de protection de la diversité biologique. Dans la mémoire collective européenne, le mythe de la nature sauvage a été largement propagé sous sa version édénique.

> L'historienne Andrée Corvol nous rappelle qu'à l'époque révolutionnaire, la nature sauvage, non domestiquée, est constamment évoquée comme la marque de l'Ancien Régime. La revendication du droit de chasse exprime le sentiment d'insécurité face à une nature hostile. La chasse n'est pas perçue dans ce contexte comme une activité récréative, mais comme le moyen de se préserver des nuisibles que les paysans n'avaient pas la possibilité de contrôler jusque-là. Dès 1790, l'Assemblée constituante demande également le partage et l'assèchement des marais, sources de miasmes. Tout est dans le symbole : ces milieux étaient jusque-là exploités exclusivement par le seigneur.

Ne nous y trompons pas. S'il y a eu chronologiquement différentes représentations du sauvage, cela ne veut pas dire pour autant que les représentations les plus les anciennes ont disparu. Au contraire, on assiste à une stratification de ces différentes représentations qui sont toutes encore vivaces. Ainsi, le même terme désigne tout à la fois la nature vierge de toute activité humaine, le paysage reconstruit selon l'idée que l'on se fait de nos jours du sauvage, la nature fragmentée et spontanée que l'on observe dans un territoire artificialisé.

Le paradoxe est que, pour la majorité des citoyens, le sauvage ne doit pas être synonyme de chaos. Nous voulons retrouver une nature plus sauvage, mais en faisant en sorte qu'elle soit aménagée, qu'on s'y trouve en sécurité, qu'on y trouve des activités récréatives. Ces attentes obligent les gestionnaires à trouver des compromis entre la « nature sauvage » et la « nature arrangée ». Comme le souligne Kalaora (2007), « la nature doit être aux antipodes de ce que l'on trouve dans la ville, peu importe qu'elle reflète ou non la nature réelle ». Ce qui semble qualifier le sauvage, ce sont surtout des notions relevant du champ de l'esthétique : composition, harmonie, éventuellement le sublime. Ce qui disqualifie, c'est le désordre, le chaos, la nature non arrangée. Dans la représentation sociale de la nature sauvage, c'est la charge symbolique plus que la réalité objective qui est importante.

D'où vient ce fantasme de retour à la nature, entendu comme un retour aux sources ou à une matrice originelle ? Les fantasmes jouent un rôle de soupape de sécurité pour le psychisme, tout en offrant un cadre structurant pour la personnalité. Borsari (2011) a essayé d'en analyser les raisons. Depuis longtemps, les hommes, mal à l'aise dans la vie quotidienne et ses pesanteurs, ont rêvé d'un monde meilleur. Dans l'Occident chrétien du Moyen Âge, l'idée de l'existence du paradis terrestre de la Genèse, relayant les descriptions de pays merveilleux des anciens mythes, a encouragé les rêves d'un âge d'or. Mais la nature du paradis n'est pas une nature « sauvage », c'est une nature fantasmée. C'est un lieu privilégié où l'homme trouve le repos et la paix, et n'a pas d'effort à fournir pour assurer sa subsistance. C'est en réalité une nature maîtrisée, faite pour le plaisir des hommes. Peu à peu, la croyance en l'existence d'un paradis terrestre va s'estomper pour faire place à une utopie : le retour à la nature des origines, supposée plus vraie et plus belle, qui devient l'objet de revendications à teneur plus politique.

Au niveau individuel, le désir de « retour à la nature » traduirait la volonté de se soustraire à ses semblables, d'échapper à la concurrence des autres hommes pour se réfugier dans un univers idéalisé qui serait un ailleurs parfait, identifié comme un ailleurs perdu et comme le témoin d'une époque révolue.

Le sauvage en ville

Le sauvage nous fait rêver, en suscitant ce petit frisson de peur qui catalyse nos émotions. Les paysagistes ne s'y sont pas trompés, en nous proposant une mise en scène de la nature sauvage associant l'esthétique à l'imaginaire. L'intérêt des citadins pour la vie sauvage dans les friches urbaines et les espaces naturels a été de nombreuses fois souligné (Lizet *et al.*, 1999). Ces espaces souvent très végétalisés sont revendiqués à la fois par des naturalistes et des groupes sociaux riverains. Ils représentent symboliquement des espaces de liberté.

Une expérience intéressante a été menée en région parisienne. Deux marais artificiels ont été créés dans des parcs urbains, le marais de Sausset près de Villepinte, et la Plage bleue à Valenton, sous forme d'espaces aménagés dans un esprit naturel (Donadieu, 1998). La création *de novo* de ces marais repose sur la mise en place d'un système aquatique artificiel initialement planté d'espèces herbacées. Les processus d'évolution spontanée sont ensuite encadrés par les gestionnaires des parcs et des paysagistes. Le marais de Sausset s'est ainsi fortement enrichi en espèces végétales au fil des années, et les plantations initiales en ont été fortement bouleversées. On y retrouve maintenant des plantes typiques de marais tels que les roseaux, les massettes, ainsi que les iris, la salicaire, etc. La réorganisation des peuplements végétaux a été moins importante dans la roselière de la Plage bleue. Des bouleaux pleureurs, des aulnes, des saules ont été plantés ultérieurement.

La roselière de Sausset est désormais consacrée aux oiseaux, qui se sont imposés comme un élément fort de l'attractivité du lieu. Au point qu'elle est devenue une réserve clôturée, interdite au public. La Plage Bleue a connu le même sort. À l'origine conçus et réalisés comme des jardins, les marais sont fort appréciés des citadins du voisinage. Ils sont perçus comme de beaux coins de nature, agréables à l'œil et reposants. Des lieux où l'on trouve une nature perçue comme sauvage, qui contraste avec la nature domestiquée des parcs où ils se situent. Ils répondent aussi à des besoins récréatifs mettant en scène une nature où les animaux évoluent sans contraintes. Les mots « roseaux » ou « oiseaux » ne renvoient pas seulement à des connaissances naturalistes, ils sont aussi évocateurs d'espaces de liberté. Comme le souligne Pierre Donadieu (1998), « créer un milieu humide comme planter un arbre ou une haie sont des actes qui ne peuvent être réduits à leurs dimensions fonctionnelles et à des processus écologiques. Ils doivent être également compris comme des pratiques esthétiques et symboliques qui expérimentent ou préparent la modification des rapports sociaux à l'espace et à la nature ». Ce qui est dommage, c'est que ces milieux conçus pour la distraction des citoyens, leur soient maintenant partiellement interdits au nom de la préservation de la nature !

Les paysages : entre nature sauvage et nature patrimoniale

L'une des manifestations les plus évidentes de l'action de l'homme sur la nature est la transformation des systèmes naturels en paysages de production que sont les espaces agricoles ou forestiers. Dans les régions de vieille tradition agraire, comme l'Europe, l'agriculture et ses pratiques sont à l'origine de paysages construits, aménagés par l'homme. Un paysage s'est constitué au fil du temps et s'inscrit dans une histoire des usages et des changements d'usages (Luginbuhl, 2012). Ces paysages, le plus souvent hybrides, sont composés de vestiges des écosystèmes originaux et de systèmes complètement aménagés en fonction des pratiques agricoles et des cultures régionales.

> « L'état de nature est une hypothèse, voire un mythe plus qu'une réalité démontrée ; il est difficile à discerner et se présente rarement sous une forme pure… L'homme et la nature sont trop liés pour qu'une claire séparation soit possible. »
>
> Lepart *et al.* (2010).

En Europe, le paysage familier issu des usages agricoles est volontiers assimilé à un patrimoine. C'est dans ce contexte qu'a été proposée la notion de « biopatrimoine », car ce sont des techniques et des pratiques, *via* des usages des ressources ou des systèmes écologiques, qui ont créé de nombreux milieux dits naturels. Cette notion de biopatrimoine est indissociable de la notion de « biohistoire ». « La biohistoire est fille de l'écologie en reconnaissant l'Homme comme un des facteurs déterminant la structure et le fonctionnement des écosystèmes au même titre que le sol ou le climat » (Perrein, 1993). Pour la Convention européenne du paysage, le paysage est une forme de compromis : tel qu'il est vu et perçu par les habitants du lieu, il est défini comme une zone ou un espace dont la structure et la composition résultent de l'action de facteurs naturels et/ou culturels (c'est-à-dire humains). La Convention rappelle aussi dans son préambule que le paysage « représente une composante fondamentale du patrimoine culturel et naturel de l'Europe, contribuant à l'épanouissement des êtres humains et à la consolidation de l'identité européenne ».

On parle parfois à ce propos de « paysages culturels », qui sont le résultat des interactions, en un lieu donné, entre les interventions humaines et les processus naturels. Ils témoignent de la façon dont des hommes sont intervenus pour aménager le territoire et gérer à leur avantage les processus naturels (Lepart *et al.*, 2010). On fait souvent référence avec cette expression aux paysages antérieurs à la phase de modernisation de l'agriculture, ainsi qu'à la déprise des zones marginales qui l'a accompagnée.

Aujourd'hui néanmoins, ces paysages remarquables, qui sont un des moteurs de l'industrie touristique en France, sont soumis à des dynamiques contradictoires. Dans certaines régions, la culture intensive, qui conduit à l'agrandissement de la taille des parcelles, a contribué à banaliser le paysage. Dans d'autres régions qui ont subi un fort exode rural, l'abandon des parcelles les moins riches a favorisé le développement de la forêt et, dans une certaine mesure, la fermeture du paysage. Sans compter que la déprise agricole a participé également à la disparition des structures paysagères (chemins, murets, bergeries, etc.). Enfin, l'espace rural est fortement concurrencé par l'étalement urbain, la construction de grands équipements, l'implantation de centres commerciaux qui dégradent la qualité des paysages.

Le sauvage, on croit le retrouver dans les espaces incultes, qui sont nombreux et correspondent à une grande variété d'écosystèmes. Ils englobent les friches, les landes, les maquis et tous les sites en marge des espaces exploités. Les friches, qui sont des terres cultivées puis abandonnées, ont mauvaise réputation : elles véhiculent une image d'échec, de retour à l'état sauvage de terres qui avaient été domestiquées par des siècles de travail. La nature a alors repris ses droits, gommant partiellement les traces d'activité humaine. Ces friches déshumanisées, image d'un espace qui se vide de ses hommes, donnent alors une impression d'abandon, de non entretenu, d'anarchie. Ces paysages en déshérence sont souvent associés aux malheurs des hommes, à des crises économiques, politiques, etc. La nature spontanée qui se développe dans les friches pourrait être comparée à un espace féral – l'animal féral étant un animal domestique redevenu sauvage (maronnage). Par assimilation, il désigne tout système écologique qui a fait l'objet d'usages par l'homme, mais qui est maintenant non utilisé et en évolution spontanée.

On peut faire le pari que ces espaces qui ne seraient pas utilisés pendant longtemps pourraient acquérir un état de maturité fonctionnelle en intégrant d'autres espèces végétales et animales. C'est l'idée de climax qui ressurgit ici. Mais il est évident que l'on ne retrouvera pas le supposé état originel ! Certains reprochent en effet aux friches d'être des lieux d'accueil privilégiés pour les exotiques. Et on retrouve souvent l'accusation selon laquelle la nature qui se réinstalle de manière spontanée dans ces friches ferme les paysages, élimine les espèces d'intérêt patrimonial, banalise les habitats…

La déprise agricole et la fermeture des paysages : l'exemple des Causses

La déprise agricole correspond à une réduction de l'emprise agricole sur l'espace, sans que l'on mette en place d'usages alternatifs. Ce n'est pas un phénomène récent car les phases de déprise et de reconquête agricole se sont succédé en France pendant des siècles, au gré de l'évolution de la population et de ses besoins : guerres, épidémies ou catastrophes climatiques entraînaient l'abandon de certaines terres, alors que les périodes de stabilité et d'augmentation de la population suscitaient une utilisation agricole accrue du territoire. La déprise se manifeste par l'abandon des infrastructures (arrêt de l'entretien des fossés, des haies, des murets des terrasses de culture) et par la baisse de l'intensité d'utilisation (sous-pâturage des prairies permettant l'installation de ronciers).

Les conséquences de la déprise agricole se traduisent au niveau du paysage : la végétation évolue naturellement vers un stade forestier. La diversité structurale de la végétation commence par augmenter, mais il faut vingt à cinquante ans pour que les terres en déprise passent de la friche herbacée à des formations végétales dominées par des petits ligneux, puis à des formations boisées. C'est ce que l'on appelle la fermeture du paysage, une expression qui revient couramment à propos des territoires ruraux, comme une menace concernant leur avenir (Le Floch et Devanne, 2003). L'émergence de la notion au cours des années 1970 marquerait une rupture avec la période précédente de l'après-guerre, où c'est au contraire l'ouverture des paysages, du fait de l'arasement des haies et du remembrement, qui faisait l'objet de préoccupations (Luginbuhl, 1999).

Une question suscite bien des polémiques : la fermeture des paysages a-t-elle un impact négatif sur la diversité biologique ? Pour beaucoup, qu'ils soient scientifiques, gestionnaires ou bénévoles, il faut lutter contre l'envahissement des friches par les broussailles, qui conduit à une fermeture et à une banalisation du paysage. Ce qui semble relever du bon sens... Mais d'autres, au contraire, réfutent cette idée, la qualifiant de préjugé (sans argument scientifique convaincant), et prônent l'éthique du laisser-faire... qui peut aller jusqu'à accepter les espèces qui dérangent. Comme souvent, on se trouve face à deux conceptions extrêmes qui cristallisent les débats, alors que, selon les situations, l'une ou l'autre des positions pourrait peut-être s'envisager.

L'exemple des Causses illustre bien les ambiguïtés en matière de conservation et les difficultés à répondre à des objectifs aussi différents que la conservation d'espèces patrimoniales ou le retour à la naturalité.

Les paysages des Causses sont la résultante des interactions entre des conditions environnementales et les pratiques d'une société. Les paysages des Causses ont été créés par la céréaliculture qui fut dominante pendant plusieurs siècles. Jusqu'à la fin du xixe siècle, un système d'agriculture itinérante a permis de contrôler la progression des ligneux sur une grande partie des Causses. Mais, en raison de l'abandon de la céréaliculture et de l'exode du petit prolétariat rural à la fin du xixe siècle, les surfaces cultivées se sont restreintes. L'élevage ovin, accompagné par le développement des cultures fourragères, s'est peu à peu affirmé comme la principale production de ces territoires. À la fin du XIXᵉ siècle, les paysages méditerranéens et les paysages de montagne étaient largement déboisés. Les garrigues, maquis, landes et pelouses occupaient presque tout l'espace non cultivé.

Or ce paysage culturel, inscrit au patrimoine mondial de l'Unesco au titre de l'agropastoralisme, est en train de disparaître, et de nombreuses espèces patrimoniales qui l'habitent, dont les effectifs sont déjà en baisse, se raréfient. La cause est connue : comme dans d'autres régions d'élevage des montagnes péri-méditerranéennes, les ligneux progressent depuis près d'un siècle. Principal accusé : le pin noir (*Pinus nigra*) qui a d'abord été introduit à la fin du XIXᵉ siècle sur les terrains instables des gorges du Tarn et des corniches des Causses, dans le cadre du Reboisement des Terrains de Montagne (RTM). Puis, dans les années 1960-70, des boisements de plusieurs milliers d'hectares ont été réalisés dans le cadre du Fonds Forestier National (FFN). Le pin noir s'est particulièrement bien adapté aux Causses. L'arrêt des défrichements a permis la survie des ligneux qui s'y installaient. Et le pâturage n'a apparemment pas suffi à limiter les jeunes pousses. La dynamique de reforestation a cependant connu une assez longue période de latence. C'est seulement après la Seconde Guerre mondiale que les paysages ont commencé à se transformer significativement et le mouvement s'est accéléré avec la révolution agricole des années 1960.

La progression spontanée des ligneux est considérable dans la plupart de ces paysages de montagne méditerranéenne, aussi bien dans les espaces protégés qu'en dehors. On assiste au passage d'un paysage pastoral à un paysage forestier dans lequel subsistent de vastes clairières agropastorales. Une situation qui aurait été perçue comme très positive à la fin du XIXᵉ siècle, quand l'élite intellectuelle dénonçait le surpâturage, considéré comme la cause principale de l'ouverture des milieux et de l'érosion des sols. Sur les Causses, les arbres avaient presque disparu. Plus récemment, c'est au contraire la fermeture des paysages due à la progression des ligneux qui est dénoncée, et souvent analysée comme le résultat de la déprise rurale et d'une régression des activités d'élevage. Cela fait l'objet de nombreuses inquiétudes face aux risques de banalisation de paysages remarquables, d'incendies de forêts et de perte de diversité biologique par disparition d'habitats semi-naturels indispensables à certaines espèces d'oiseaux considérées comme patrimoniales (Fonderflick *et al.*, 2010). Une étude portant sur un intervalle de temps de quinze à dix-neuf ans a permis de quantifier et d'analyser l'impact des changements de paysages sur l'avifaune. Ces derniers se sont plutôt traduits par des changements d'abondance que par la disparition ou l'apparition d'espèces. De nombreuses espèces d'oiseaux des milieux ouverts considérées comme devant faire l'objet de mesures de conservation ont décliné de manière significative au profit d'espèces forestières plus banales.

En tenant compte des dynamiques ligneuses actuelles, des modèles prédictifs de l'évolution des paysages à l'horizon 2030 pour le Causse Méjan montrent que, sur 60 espèces sélectionnées dans le cadre de l'étude, 17 (28 %) seraient affectées négativement par les dynamiques ligneuses actuelles, et aucune ne le serait positivement. La disparition des activités agricoles provoquerait une extension très rapide de la forêt, qui affecterait négativement 42 espèces (soit 70 % des espèces sélectionnées) et seulement 2 positivement à l'horizon 2030 (Lepart *et al.*, 2011).

Cela conduit logiquement à penser que le soutien à des activités d'élevage serait le moyen de résoudre les problèmes soulevés par la colonisation des ligneux. En réalité, la progression des arbres et des buissons est le résultat de plusieurs mutations socio-économiques depuis un siècle : abandon d'un système agropastoral prémoderne, spécialisation dans l'élevage, modernisation et relative intensification des systèmes d'exploitation de montagne, héritage de politiques de reforestation volontaire, etc. (Lepart *et al.*, 2011).

L'évolution naturelle du Causse vers la reconstitution de vastes taches forestières va dans le sens d'un retour à la naturalité que certains souhaitent. Mais cet objectif n'est pas en phase avec les enjeux de développement et de conservation de la diversité biologique patrimoniale. De fait, l'agriculture, et plus particulièrement le pastoralisme, joue un rôle déterminant dans la préservation de la majorité des espèces patrimoniales pour lesquelles les Causses portent une forte responsabilité en matière de conservation (Lepart *et al.*, 2010).

> Il y a cinquante ans, les oiseaux étaient abondants en Brenne. Ils sont beaucoup moins nombreux aujourd'hui. Parmi les diverses hypothèses avancées, outre la sempiternelle évocation de la pollution, il y aurait l'hypothèse plausible de la déprise agricole. Dans une région de polyculture avec des habitats et des ressources diversifiés, la déprise s'est traduite par une perte de ressources qui pourrait expliquer l'effondrement des effectifs de plusieurs espèces.

Touche pas à mes bocages !

Le bocage est un paysage construit par l'homme auquel les citoyens sont attachés, car il est chargé de valeurs. C'est vers la fin du Moyen Âge que l'on construit les enclos (pierres, levées de terre, etc.) ou que l'on plante des haies pour séparer des parcelles. Ce bocage, répandu dans l'Ouest européen, est caractérisé par une fragmentation du paysage, un habitat dispersé et des cultures diversifiées. La haie plantée a des avantages économiques et écologiques : elle fournit du bois, elle protège contre le vent, l'érosion, la sécheresse ; elle héberge toute une communauté animale. L'enclos protège également des animaux domestiques et réduit les conflits de voisinage.

Ces bocages, fruit d'une longue histoire agraire, et vestiges d'une agriculture paysanne qui disparaît, perdurent encore en partie. En effet, après la Seconde Guerre mondiale, le développement de l'agriculture mécanisée et motorisée a été confronté à la petite taille des enclos. Les haies, considérées comme des obstacles à la modernisation, ont fait l'objet de campagnes d'arrachage. C'est alors que commence une polémique qui est loin d'être close, car l'arasement des talus et l'arrachage des haies vont provoquer une modification radicale des paysages perçus. On parle de 750 000 km linéaires de haies végétales qui auraient été arrachés en France, mais les chiffres varient d'un auteur à l'autre. Il est vrai que le bocage a fortement régressé et ses défenseurs ont largement reproché au remembrement d'être à l'origine de désordres écologiques et hydrologiques : accélération de l'érosion, inondations plus fréquentes. On ne peut nier que l'arasement favorise l'écoulement brutal des eaux et que les bocages jouent un rôle de tampon et d'écrêtage des crues. Mais d'autres pratiques culturales, comme la transformation de prairies en terres arables, ou le drainage qui accompagne les opérations de démembrement, ont peut-être une responsabilité plus grande dans les désordres observés (Dérioz *et al.*, 1996).

On replante des haies… mais sans excès ! Comme pour la fermeture des paysages liée à la déprise agricole, nous sommes confrontés au même type de débat, sur le choix des modèles agricoles et leur place dans l'espace rural, dans un contexte de rapports sociaux à l'espace et à la nature qui se transforment.

Les forêts méditerranéennes : les filles du feu

La forêt méditerranéenne a un petit air exotique, avec ses pins parasols, ses chênes-lièges, ses mimosas, ses cigales… Qui pourrait penser en contemplant les quelques paysages encore préservés du béton que cette forêt a subi de nombreuses modifications depuis le Néolithique ? La végétation primitive, constituée d'une chênaie verte et d'un chêne caducifolié, a été presque partout détruite par le feu, outil privilégié de l'éleveur-cultivateur néolithique afin de dégager des surfaces à usage agricole. Sa substitution par la pinède à pin d'Alep (une espèce dite « pyrophile », dont la dissémination est favorisée par le feu) se situe entre – 6 000 et – 4 500 ans. Puis l'utilisation répétée du feu a conduit à l'apparition d'une formation buissonnante composée de ciste, romarin, lavande, bruyère. Dès le troisième millénaire avant notre ère, la mise en culture par défrichement, mais aussi l'utilisation du bois pour les usages domestiques ou pour la construction, ont été à l'origine d'une déforestation des pourtours de la Méditerranée.

Dans les sociétés rurales traditionnelles, jusqu'à la Seconde Guerre mondiale, les forêts méditerranéennes étaient exploitées et fournissaient des matières premières essentielles pour l'économie locale. Les nombreux usages de la forêt méditerranéenne étaient surtout profondément intégrés à l'ensemble des activités productrices, sociales et culturelles des communautés locales. Ainsi, la forêt offrait des ressources végétales qui pouvaient être pâturées par les animaux domestiques à des périodes de pénurie alimentaire : herbes, feuilles des arbres, fruits. Les incendies, défrayant régulièrement la chronique, étaient perçus comme la seule technique économiquement viable de « débroussaillement » et de « rajeunissement » de la végétation en vue d'assurer une production pastorale à partir de la strate herbacée. D'autres produits étaient également issus de la forêt méditerranéenne : le charbon de bois, les asperges, champignons, truffes, plantes aromatiques, etc. La chasse constituait une activité productrice, mais aussi très symbolique.

Depuis la fin du XIXe siècle jusqu'à nos jours, l'exode rural s'est traduit par l'abandon de vastes régions autrefois dévolues au pastoralisme, et par une modification progressive des paysages forestiers liée à la régénération naturelle. Les espèces expansionnistes comme le pin d'Alep et le pin sylvestre sont passées respectivement de 35 000 et 30 000 ha à 161 000 et 230 000 ha, entre 1878 et 1989, sur l'ensemble de la Provence. Cette expansion des conifères s'est accompagnée de celle de nombreuses espèces arbustives très combustibles comme les cistes, les genêts, les ajoncs, les romarins, les myrtes. Ce sont également des arbustes à croissance rapide recolonisant en peu de temps les zones brûlées.

Avec toutes ces modifications, les risques d'incendies se sont accrus. L'exploitation du liège continue à maintenir une petite activité, mais l'écorce à tanin du chêne-vert n'est plus utilisée. Le recueil de la résine des pins maritimes (*Pinus pinaster*) et des pins d'Alep a presque entièrement disparu. La production de châtaigne, qui a joué autrefois un rôle économique très important, conserve encore une fonction sociale significative. Les peuplements de conifères situés dans la partie collinaire constituent toujours une ressource forestière importante. En revanche, les chênaies et pinèdes du littoral ne sont plus exploitées, si ce n'est de manière sporadique pour le bois de chauffage.

Aujourd'hui, les forêts méditerranéennes ne sont plus des espaces de production pour les hommes, et les liens symboliques se sont affaiblis. Mais de nouveaux usages sont apparus, liés le plus souvent aux loisirs des urbains. Chasse et cueillette sont de plus en plus pratiquées comme des loisirs, alors que se développe le tourisme vert : randonnées, promenades à pied, à cheval, à vélo, observation de la nature. Par ailleurs, la fonction paysagère de ces espaces est de plus en plus explicite. À l'image de la forêt productive se substitue l'image du « paysage cadre de vie » qui, pour plaire au touriste, doit être pittoresque et harmonieux. Un paysage de nature perçu comme un antidote à la ville. À tel point que le mitage de ces forêts par l'urbanisation mal contrôlée pose maintenant d'autres problèmes…

Chapitre 7

Les relations homme-nature : un débat qui fait encore recette

« [...] la nature que nous croisons autour de nous, elle continue à nous damer le pion sur le plan physique, climatique, géologique. Elle n'est ni bonne ni mauvaise, elle est indifférente : elle mène contre nous une guerre impitoyable, elle nous programme pour vivre mais aussi pour disparaître, nous offre les plus riantes perspectives, nous soumet aux pires tortures, se montre merveilleuse et abjecte... Toute l'aventure humaine est une lutte sans merci contre les fatalités physiques, biologiques, psychiques imposées à notre espèce. »

Pascal Bruckner (2011).

Des milliers de pages ont été écrites sur la notion de nature et sur les relations que l'homme entretient avec la nature. Avec des points de vue souvent caricaturaux, qui s'inscrivent entre deux positions un peu extrêmes : la vision occidentale de l'homme cherchant à dominer la nature, accusé d'être responsable de sa destruction au travers de ses activités économiques ; et la vision romantique d'une nature idyllique, harmonieuse et immuable, que le mythe du bon sauvage a contribué à populariser. Ces clichés, encore largement répandus, ont façonné l'imaginaire des citoyens et interfèrent à tout moment avec les projets de protection ou de conservation qui ne s'appuient pas seulement sur des faits objectifs, mais sur des représentations que les uns ou les autres se font d'une nature idéalisée, devenue pour certains une valeur refuge.

La Conférence de Rio, en 1992, a permis à beaucoup d'associations et de mouvements militants de s'exprimer, mettant ainsi en évidence que le débat sur l'environnement et la biodiversité était majoritairement animé par des groupes de pression dont les motivations relèvent du champ de la morale, de la religion et de la politique. La pensée dominante actuellement est de dénoncer les impacts des activités humaines sur la nature et la destruction de la diversité biologique qui mettraient en danger la survie de l'humanité. Et, bien entendu, on met en avant la sagesse des peuples premiers, proches de la nature, qui nous montrent le chemin pour la protéger... Tout le monde n'a probablement pas lu les aventures de Nigel Barley (2016) au Cameroun. Dans ce concert, la science, qui s'appuie sur des observations validées, a parfois du mal à faire entendre sa voix.

Rappelons tout d'abord qu'il peut exister des systèmes écologiques dans lesquels l'homme est absent. Mais il n'existe pas (du moins, pas encore) de sociétés humaines hors-sol, vivant indépendamment d'un système écologique dont elles utiliseraient les ressources. Force est donc de constater que l'homme est bien dépendant de la nature dont il est issu, et dont il a besoin pour sa survie, tout en se protégeant simultanément de certains excès ou de certaines espèces. Car la nature peut nous apparaître, selon les circonstances, bonne et généreuse ou inquiétante et dangereuse. C'est dans ce contexte de relations ambivalentes que se pose la question de notre rapport à la nature, pas dans celui d'une vision essentiellement bucolique, portée par certains mouvements militants et protectionnistes, pour qui la nature est la victime innocente des activités humaines. Leur logique implicite serait alors de protéger la nature par exclusion de l'homme, à l'image des aires protégées. Une démarche qui peut se justifier pour des raisons éthiques, par exemple, dans des cas précis et limités, mais qui n'est tout simplement pas recevable si l'on en fait un principe général ! Ou alors il faut afficher clairement que l'on souhaite éradiquer l'espèce humaine au nom de la protection de la nature...

L'homme fait-il partie de la nature ?

L'opposition nature/culture est un thème récurrent de nombreux débats philosophiques. Rappelons que la pensée occidentale, depuis le XVIIe siècle, s'est structurée autour de dualismes : nature/culture, nature/sociétés, corps/esprit, etc. Ce dualisme homme-nature a permis le développement de la science moderne, tout en accordant à la nature une autonomie. Certains philosophes tendent à opposer nature et culture, de manière assez incantatoire... en ajoutant que cette opposition serait une particularité de nos sociétés occidentales. Nous vivons, paraît-il, dans l'idée que la nature doit être maîtrisée, dominée, possédée ! Avec, à l'appui, des citations de la Genèse, et en faisant référence à la philosophie cartésienne ! *A contrario*, des ethnologues, imprégnés de l'idée du bon sauvage, font l'apologie des sociétés non occidentales qui portent un « regard amical » sur la nature, la respectent et vivent en harmonie avec elle. L'archétype de ce type de relation nous est donné par le film *Avatar*. Cependant, un tel cliché résiste mal à la réalité historique, car les preuves de destruction de la nature chez ces sociétés prémodernes existent aussi. Mais l'image d'Épinal est bien imprimée dans les esprits.

Avatar : une caricature nature/culture

Le film *Avatar* met en scène la confrontation entre notre civilisation technologique et capitaliste et la civilisation animiste des Na'vis. Comme les Indiens précolombiens, ils ont des relations très particulières avec les animaux, et ils vivent en symbiose avec tous les êtres vivants de la planète Pandora. Les végétaux, *via* leurs racines, constituent un réseau global de communication qui forme la conscience de Pandora, auquel les Na'vis peuvent se brancher (mythe de Gaïa). Ce monde de « bons sauvages » est agressé par des Terriens sans scrupules qui viennent extraire une ressource naturelle très rare, et donc très rentable. Si les scientifiques de l'expédition terrienne étudient avec émerveillement ce *net* biologique, leurs supérieurs militaires en font peu de cas et, face à la résistance des Na'vis, entreprennent de les détruire. On pense ici à la destruction des peuples premiers en Amérique... Si les Na'vis gagnent la première manche de cette confrontation (le film s'arrête là), on a du mal à croire que c'est définitif !

On peut penser néanmoins que, dans la société française, en grande partie rurale jusqu'au milieu du XXe siècle, la question de la relation de l'homme à la nature n'était pas la préoccupation première. Cette nature, il fallait effectivement la travailler, la charmer par des rituels, mais aussi la contrôler, voire la maîtriser. Difficile de croire que les citoyens ruraux se soient posé la question de savoir s'ils faisaient ou non partie de la nature. Ils vivaient dans leur nature dont, certes, ils tiraient profit, mais qu'ils craignaient également. Et je suis intimement persuadé que ce qui est présenté comme le désir de dominer la nature tient tout simplement au fait que nos ancêtres cherchaient avant tout à s'en protéger. Il faut relire les livres d'histoire (Lachiver, 1991).

À la question « l'homme fait-il partie de la nature ? », Edgar Morin (2006) répond… oui et non. Il faut savoir éviter, dit-il, cette question qui nous oblige à une réponse binaire. Nous sommes de la nature, mais en même temps au-delà, puisque nous avons une culture, un esprit, une conscience. La question n'est donc pas faite pour susciter une réponse tranchée en termes de « oui » ou de « non », mais pour attirer l'attention sur un problème qui est le comportement de l'homme vis-à-vis de la nature.

Pour André Micoud (2002), la question ainsi formulée pose *a priori* l'existence de deux entités séparées. Or, à de nombreux points de vue, il est évident que l'homme fait partie de la nature. Donc qui pose cette question ? Probablement ceux qui pensent que la présence de l'homme est contestable car il n'est pas assez… « naturel » ? C'est-à-dire ceux qui prônent que la vraie nature est un monde sans l'homme. On pourrait penser comme André Micoud que c'est de la pure provocation. Mais on peut aussi constater qu'une telle idée imprègne la pensée des citoyens, avec la notion d'aire protégée, par exemple, qui s'inscrit dans la logique d'une nature dont l'homme est exclu. Ce n'est donc pas une question secondaire puisqu'elle est au cœur de la pensée conservationniste. Et, si on partage cette idée, mieux vaut ne pas aller plus loin !

Philippe Descola a proposé d'appeler « naturalisme » cette démarche qui correspond à une représentation du monde basée sur une dichotomie entre nature et culture. Le naturalisme, dit Descola, c'est « simplement la croyance que la nature existe, autrement dit que certaines entités doivent leur existence et leur développement à un principe étranger aux effets de la volonté humaine ». Mais toutes les sociétés et les cultures ne partagent pas cette vision de la nature. Si notre société occidentale est naturaliste, d'autres sont animistes ou totémistes.

Ainsi notre cosmologie occidentale serait basée sur une dualité entre un monde naturel, obéissant à ses propres lois supposées universelles, et un monde culturel, pluriel mais spécifique des hommes, régi par des systèmes de propriétés morales et de conventions propres aux différentes sociétés. Pour expliquer cette distinction, on dit que la culture est contingente alors que la nature est immuable, et que les phénomènes naturels suivent des lois. Mais on a vu que la nature est, elle aussi, contingente ! Et l'apparente constance de la nature n'est qu'une illusion d'optique à l'échelle humaine. Les temps de la nature et les temps des hommes ne suivent pas le même rythme. La nature (et la diversité biologique) est le produit de changements qui interviennent généralement à des échelles de temps plus grandes que la durée de vie humaine.

Serge Moscovici (2002), quant à lui, réfute la démarche des anthropologues. Notre nature est bel et bien historique. Nous sommes dans la nature depuis toujours et nous n'avons pas besoin de nous en séparer ni d'y retourner. La nature, ce n'est pas l'environnement, elle est toujours rapport avec le monde dans lequel on vit. L'homme est donc un élément déterminant de cette nature historique, et l'objectif est de développer une pensée qui mette sur le même plan nature et société.

Des points de vue contrastés sur les relations homme-nature

Ce que d'aucuns appellent l'ontologie[15] naturaliste est le principal vecteur des discours écologiques et des problématiques environnementales. Elle détermine notre point de vue, notre regard sur les autres et sur le monde. Il n'est donc pas anodin de bien préciser dans quel camp on se situe. Nous sommes issus de la nature sans aucun doute, mais en même temps nous avons développé une forme de distanciation. L'homme n'est plus un animal sauvage, il s'est donné les moyens à la fois de tirer le meilleur profit de la nature et de s'en protéger.

Sur cette base ontologique, deux grands types de plaidoyers écologiques se sont structurés :

– La nature a une valeur intrinsèque, indépendamment des rapports d'usage et de valorisation que nous pouvons en attendre. La vision dite écocentrique s'appuie sur le fait que la nature est un monde en équilibre, plein d'harmonie et de beauté, et qu'on doit le respecter en tant que tel. La protection de la diversité biologique devient dès lors un enjeu majeur. C'est ce qui a motivé la création des parcs naturels, pour la beauté des paysages d'abord, puis pour la diversité biologique. Cet impératif de protection, qui fait le fonds de commerce des grandes ONG de protection de la nature, suppose implicitement que la nature ne peut se défendre elle-même et que les hommes en sont les principaux agents de destruction. Dans cette démarche, l'éthique joue un grand rôle *via* l'analyse des conséquences de nos actes sur les écosystèmes. Mais on va également plus loin en proposant, par exemple, de constituer la nature comme sujet de droit.

– La vision dite anthropocentrique et utilitariste de la nature s'appuie sur le fait que notre existence est intimement liée à la préservation de la diversité biologique dont nous tirons de nombreux usages, ainsi qu'aux services rendus par les écosystèmes. Cette démarche a été reprise notamment par les économistes avec les concepts de services écosystémiques. L'anthropocentrisme s'enracine dans la tradition judéo-chrétienne mais, à partir du XVIIe siècle, la science a fait de la nature un objet mesurable, quantifiable, dont on peut tirer parti. Dans une démarche prométhéenne, l'homme se place alors en position de domination vis-à-vis de la nature. À ce stade, deux orientations très différentes se font jour : l'exploitation pure et simple de la nature pour satisfaire aux besoins des hommes, qui a conduit à des excès ; ou bien la pratique du gardiennage qui renvoie l'homme à un devoir de responsabilité et à une bonne gestion des ressources naturelles mises à sa disposition. Les utopies technocratiques qui fleurissent actuellement découlent de la culture qui est la nôtre, qui pense que les mathématiques, l'économie et le droit sont les meilleurs outils pour gérer le monde.

---

15. Une ontologie caractérise une vision du monde, une façon d'attribuer des propriétés à tout ce qui existe (Descola, 2005).

Au-delà de cette présentation binaire, Nicole Huybens (2011) nous propose une vision multicentrique en faisant le constat que nous étudions les processus naturels en eux-mêmes, comme si l'homme n'y était pas mêlé, alors que la nature est en constante évolution, y compris sous l'influence de l'homme. Elle « ose » déclarer que la nature n'est pas systématiquement bonne et généreuse et qu'il existe des espèces indésirables pour l'homme. Cette approche s'articule autour de quelques concepts clés :
– La coévolution entre les systèmes écologiques et les systèmes sociaux : la relation entre l'humain et la nature s'inscrit dans une dynamique de réciprocité et d'interrelations (voir le concept d'anthroposystème).
– Si la démarche rationnelle et scientifique est nécessaire pour prendre des décisions, cela n'exclut pas les sentiments. Nous pouvons avoir des réactions émotionnelles vis-à-vis de la nature, et l'être humain est susceptible d'empathie à l'égard de ses semblables, mais aussi des autres êtres vivants.
– La nécessité du dialogue et le respect des différences, pour permettre à la diversité des points de vue de s'exprimer, sans craindre les conflits qui peuvent en découler.
– La responsabilité des êtres humains vis-à-vis de leurs actes.

Cette vision multicentrique que j'essaie de privilégier dans cet ouvrage, on l'a parfois appelée le développement durable ou, pour le dire autrement, elle traduit la nécessité de mettre en œuvre une approche systémique qui prenne en compte les dynamiques des différents éléments du système. En l'occurrence, il faut dépasser les approches sectorielles et ne pas considérer isolément l'écosystème (vision écocentrique) ou le sociosystème (vision anthropocentrique), mais la combinaison des deux, c'est-à-dire l'anthroposystème. Et il faut se garder d'aborder les questions avec une vision sectorielle et manichéenne, mais au contraire ouvrir la réflexion aux avantages et aux inconvénients des actions que nous souhaitons mettre en œuvre.

Ost (1995), quant à lui, nous propose une autre entrée et distingue trois types principaux de rapports homme-nature basés sur la perception que nous en avons :
– Une « nature-objet ». La nature est pensée en termes d'environnement, dans lequel l'homme est entouré d'une nature que l'on peut décrire de manière objective, mais qui fournit aussi les ressources nécessaires à sa vie quotidienne et plus généralement à ses activités économiques. Pour les scientifiques, c'est un objet d'étude qui peut être décliné en inventaires d'espèces, en types de milieux et/ou de peuplements biologiques, en cartes d'occupation des sols, etc. Pour les citoyens, ce sont aussi des « milieux » concrets : les forêts, les marais, les rivières, les rivages marins, mais aussi le milieu rural.
– Une « nature-sujet ». Certains plaident aujourd'hui pour un renversement complet de perspective, arguant que l'homme appartient à la terre. Cette prise de conscience se réclame en partie de la *deep ecology*, ou écologie radicale, et se nourrit d'un élan romantique de retour à la nature, véritable paradis perdu. L'homme est ainsi replacé dans la dynamique d'une évolution au sein de laquelle il ne peut se prévaloir d'aucun privilège. La nature est source de rationalité, et chacun de ses éléments possède une valeur intrinsèque. Ce modèle occulte entièrement la part du culturel.
– Une « nature-projet » qui est le champ de transformation réciproque de l'humain par le naturel, et du naturel par l'humain : ce que la nature fait de nous, et ce que nous faisons d'elle. C'est un nouveau champ d'études interdisciplinaires qui s'ouvre à nous, celui des interrelations entre les sociétés humaines et les milieux dans lesquels

elles vivent. Comme l'observent Bernard Kalaora et Gabriel Larrère (1989), « il faut remettre en question la vieille opposition entre la nature et l'artifice, penser l'homme dans et hors de la nature, et la nature comme produit et comme condition. Cela suppose une reformulation des approches scientifiques de la nature ». Les écologues sont ainsi invités à complexifier leurs modèles par la prise en compte de l'anthropisation des milieux, et les sciences sociales sont interrogées sur les représentations sociales de la nature, les pratiques et les conflits d'usages. Présentée sous une autre forme, c'est un peu la démarche multicentrique de Nicole Huybens.

Les représentations de la nature, ou la nature telle qu'on se l'imagine...

Les représentations sociales de la nature viennent s'ancrer dans un contexte socioculturel et historique. Chaque individu a sa propre perception de la nature, notamment par le biais des paysages, selon son histoire vécue, ses projets, ses activités professionnelles ou récréatives. On peut par exemple parler de la nature vécue, qui est celle qui nous entoure au quotidien. Le cadre de vie, en quelque sorte, appréhendé par chacun en fonction de ses propres préoccupations. Mais il y a aussi la nature perçue, car cette nature que voit l'observateur par le biais des paysages est interprétée, et l'esprit fait des tris, valorise des images ou en abandonne d'autres en fonction d'une histoire et d'une culture collective ou individuelle.

La nature vécue correspond aux rapports quotidiens que les hommes entretiennent avec leur environnement. Si le citoyen qui vit au contact de la nature a bien conscience des profits qu'il peut en tirer, il n'est pas ignorant non plus des désagréments qu'elle lui procure ; prédateurs et ravageurs des cultures, maladies des hommes et des animaux domestiques, inondations et sécheresses, etc. Autant de dangers qui ont accompagné la courte histoire de l'humanité. Autrement dit, la perception d'une nature bonne et généreuse est largement compensée par celle d'une source tout aussi inépuisable de nuisances dont il est amené à se prémunir en permanence. Un visage de la nature qui, de toute évidence, est complètement occulté dans les discours actuels issus des milieux conservationnistes.

La nature perçue, quant à elle, fait appel aux représentations. La notion de représentation nous vient des sociologues pour qui la nature est une représentation sociale : la notion de nature n'existe que dans le regard de l'homme... C'est la façon dont l'homme se pense dans son environnement physique, selon les individus et les groupes sociaux. Car la nature n'est jamais perçue ni décrite de manière objective, mais en fonction des préoccupations de l'observateur et de ses projets d'action. Les sociologues nous dirons également que la nature ne cesse d'être « construite » socialement, au travers des conflits entre groupes s'en disputant l'usage. Les représentations sont ainsi des grilles de lecture de la réalité, socialement construites et partagées, c'est-à-dire « un ensemble de croyances, d'images, de métaphores et de symboles collectivement partagés par un groupe, une communauté, une société ou une culture » (Wagner, 1994). L'objectif est de simplifier ou d'expliquer une réalité et de se l'approprier, ou encore de rationaliser des pratiques. « Ceci implique un remodelage de la réalité, dans lequel les connotations idéologiques personnelles (attitudes, opinions) et collectives (valeurs, normes) prennent une place essentielle, aussi bien dans le produit que dans les mécanismes de sa constitution. » (Depeau, 2006)

Il est certain que le terme « nature » évoque bien autre chose que les objets et les paysages que nous avons sous les yeux. De fait, « il nous faut donc avoir à l'esprit que ce que nous percevons comme étant la nature n'est pas la nature elle-même (une nature objectivée), comme nous aurions tendance à le croire, mais le résultat de notre propre perception » (Guérin et Romanens, 2015).

> « Il apparaît que ce que les gens appellent "nature" est éminemment culturel. Elle ne coïncide pas avec les définitions objectives données par les écologues. Ainsi, si les paysages perçus comme naturels sont jugés plus esthétiques, c'est que les structures paysagères qui les caractérisent correspondent à un idéal culturel. Ces préférences esthétiques ne semblent donc, en aucun cas, être liées au bon état écologique. De fait, la naturalité n'est pas forcément compatible avec l'état de nature tel qu'il est appréhendé par les écologues. En ce sens, la naturalité, telle qu'elle est perçue par tout un chacun, est susceptible d'entrer en contradiction avec la naturalité, telle qu'elle est appréhendée par les écologues chargés de définir le bon état écologique. »
>
> Marylise Cottet-Tronchère (2010).

On en parle peu souvent, car ce n'est pas très scientifique, mais nous entretenons également avec la nature des rapports de type émotionnel. Prononcez le mot « nature », et vous aurez à l'instant même tous vos sens en éveil, à la recherche d'un paysage, d'odeurs, de sons, de goûts… La nature, on y rentre, on s'y vautre, on s'en enivre les sens. Foin des discours ésotériques et nombrilistes des experts qui dissertent sur la nature de la nature, qui la dissèquent comme une grenouille, qui la modélisent comme un automate. Foin également de ces économistes qui voudraient en faire une marchandise, et qui voudraient nous imposer de donner un prix à la nature. La nature n'a pas de prix, c'est la luxure, c'est notre refuge, c'est l'existence même !

Ainsi, la nature n'est jamais perçue ni décrite de manière objective, mais en fonction des préoccupations de l'observateur et de ses projets d'action. Les scientifiques y voient de manière sélective un ensemble de systèmes écologiques (des écosystèmes). Pour les industriels de l'agroalimentaire, c'est avant tout un réservoir de ressources génétiques. Pour les citoyens, la nature est le plus souvent un lieu de repos où l'on évacue le stress, et dans lequel on ne souhaite pas trouver des nuisances telles que les moustiques ou les serpents. Quant aux agences de tourisme, elles misent sur l'esthétique et la fonction apaisante et régénératrice de la nature, ainsi que sur le rêve d'exotisme dans des milieux nouveaux, surprenants, pittoresques, avec des habitants qui le sont tout autant. Les sociologues nous diront également que la nature ne cesse d'être « construite » socialement au travers des conflits entre groupes s'en disputant l'usage.

La nature transcendée

C'est dans ce contexte des représentations que s'est développée une éthique de la nature. Chez Rousseau comme chez d'autres, la nature, le naturel, sont considérés comme des normes ou des idéaux éthiques. Le naturel, c'est le vrai, l'authentique, et tout ce qui s'en écarte, dans les pensées et dans les attitudes, est présenté comme une dégradation ou une dégénérescence. Le recyclage des ordures ménagères, les courses en montagne et les produits « bio » sont porteurs d'idéaux pour la conduite humaine. Nous sommes culturellement marqués également par le mythe récurrent d'une nature « vierge » qui symbolise, surtout de nos jours, l'authentique, le sain, par opposition aux discours sur les dégradations causées par l'homme à la nature. La nature est alors une norme de la culture.

Mais nous entretenons également des rapports de type esthétique avec la nature. C'est au XVIIIe siècle que commence à se développer une « esthétique du paysage », à l'initiative d'une élite culturelle et sociale qui s'intéresse notamment aux « hauts lieux » de nature. Cette « artialisation » de la nature met en avant les valeurs esthétiques du paysage. La nature ne devient belle à nos yeux que par le truchement de l'art. C'est la « belle nature » sublimée par les peintres, les poètes, etc. (le beau, le sublime). Le paysage est omniprésent au XIXe siècle, en peinture comme en littérature. Les espaces sauvages fascinent car on estime que tout est beau dans la nature, qui découle d'un ordre universel et éternel… Et l'idée émerge alors de protéger les paysages remarquables.

On ne peut faire l'impasse sur la question de la sacralisation de la nature. Faute de pouvoir trouver une explication aux phénomènes naturels ou insolites, les Anciens ont imaginé un univers rempli de divinités qui régissent les événements. Dans beaucoup de mythologies, l'univers naît du Chaos et de la séparation du Ciel et de la Terre. Cet univers, créé pour les hommes, est caractérisé par l'ordre et l'harmonie, par opposition au chaos. De cette conception découlent des rites, des cultes, des pratiques, afin de préserver l'ordre du monde. La nature est ainsi considérée comme une mère nourricière, fertile et féconde. En agriculture, les moissons et les vendanges font l'objet de rites pour que l'homme puisse s'approprier la récolte : la violation de la nature exige en effet un rituel de réparation. Maintenir les croyances et les rites, c'est maintenir l'ordre et la cohésion sociale, à l'image de l'ordre et de l'harmonie du monde. On croit souvent que ces manifestations ne concernent que des peuples premiers. Mais des processions ont encore lieu en France pour faire tomber la pluie ou pour la faire cesser…

Enfin, certains pensent que le monde dans sa richesse et sa diversité serait l'œuvre d'un démiurge intelligent. Il porte en lui l'ordre et la mesure. Il est donc parfait et immuable. Les savants, à l'exemple du célèbre Linné, avaient pour mission d'inventorier l'œuvre de Dieu. Dans ce contexte, la question de l'impact de l'homme ne pouvait pas être posée : comment aurait-il pu mettre en péril l'œuvre divine ? La nature, selon les plans du Créateur, est en effet exubérante et immuable. L'abondance et la richesse en espèces se succèdent selon le cycle des saisons. En bref, tout est harmonie. Cette représentation du monde, d'essence religieuse, fait partie du mythe des origines. Dans le monde moderne, contrairement à ce que l'on pourrait penser, une partie non négligeable de la population continue de croire que le monde a été créé par Dieu. Et même si la science a désacralisé notre vision du monde, l'idée selon laquelle la nature est immuable et se perpétue identique à elle-même reste fortement ancrée dans les esprits.

Certains plaident aujourd'hui que ce n'est pas la Terre qui appartient à l'homme, c'est l'homme au contraire qui appartient à la Terre, comme le pensaient les Anciens.

Cette démarche, qui se réclame de la *deep ecology* (écologie radicale), se nourrit d'un élan romantique de retour à la nature, perçue comme un véritable paradis perdu où tout est harmonie, paré de la majesté du sacré (Ost, 1995).

> **La *deep ecology***
>
> L'expression « *deep ecology* » a été créée en 1972 par le Norvégien Arne Naess pour désigner l'écologie radicale qui accorde à la nature une valeur suprême, alors que l'humanité est jugée parasite, corrompue et nuisible. En schématisant, la nature irait beaucoup mieux sans l'homme. Chacun appréciera. Ses partisans recommandent une réduction drastique de la population mondiale.
>
> La *deep ecology* s'est surtout développée aux États-Unis, où elle se revendique d'illustres précurseurs comme H.D. Thoreau ou Aldo Leopold. Sa philosophie a beaucoup influencé les mouvements écologistes, enclins à diaboliser le progrès et les innovations technologiques.

Sciences, croyances et expertise

Les relations que les sciences entretiennent avec les citoyens sont souvent évoquées, avec le regret que la voix des scientifiques ne soit pas suffisamment entendue de nos dirigeants. De fait, les mouvements militants et les ONG internationales de protection de la nature sont beaucoup plus écoutés des médias et des politiques que les scientifiques. Ce sont eux qui sont à l'origine du discours dominant sur la destruction de la nature par l'homme et qui entretiennent la peur de la sixième extinction. Ce sont ces multinationales agissant comme groupe de pression, qui font du lobbying auprès des administrations et prétendent parler au nom des citoyens.

Il est vrai qu'ils utilisent une rhétorique simple et caricaturale, basée sur la mise en accusation de l'homme et la menace d'un futur cataclysmique. Une forme d'homo-*bashing* qui plaît beaucoup aux médias. *A contrario,* le discours scientifique est plus prudent, car on sait que beaucoup d'hypothèses sont fragiles et qu'il peut y avoir débat dans l'interprétation des faits. La confrontation des idées fait d'ailleurs partie de la démarche scientifique. Cette facette du métier peut perturber les citoyens qui se tournent vers la science espérant y trouver des réponses claires et nettes. Malheureusement, les médias se repaissent de ces débats qui, extraits de leurs contextes, entretiennent le doute sur les sciences et leur capacité à répondre aux attentes de la société.

Si la science s'appuie sur l'observation et l'expérimentation, et une analyse si possible objective des résultats, beaucoup de groupes de pression n'y font référence que quand les résultats obtenus par la science confortent les idées qu'ils défendent. C'est ce que j'ai appelé le tri sélectif ! Ainsi, la convention Ramsar refuse délibérément de reconnaître que les zones humides sont des réacteurs de gaz à effet de serre et de maladies parasitaires. Mais de nombreux travaux de sociologues ont également montré que, malgré de constants progrès techniques et scientifiques, nos sociétés restent des sociétés de croyances.

Pour Bronner (2003), les croyances ne relèvent pas de l'irrationnel ou du passionnel, même si c'est parfois le cas. Les croyances ont leur logique, et ce qui les caractérise, c'est qu'elles relèvent d'une rationalité subjective, alors que la science relève d'une rationalité objective. La croyance consiste en effet à tenir pour vraie une proposition indépendamment des preuves et des faits, fussent-ils empiriques, qui confirment ou infirment ces hypothèses. La perception de la nature par les citoyens ne se fonde pas seulement sur la connaissance accumulée par l'activité scientifique, elle fait aussi appel à bien d'autres éléments tels que le vécu, l'expérience individuelle, les émotions, etc.

C'est ainsi que les rumeurs, les idéologies, les superstitions restent intimement ancrées dans notre vie quotidienne. Et elles se diffusent d'ailleurs plus aisément qu'autrefois, grâce au web. G. Bronner (2013) développe aussi l'idée du biais de confirmation pour désigner la tendance qu'ont les individus à privilégier et sélectionner, parmi toutes les informations qui leur parviennent, celles qui vont dans le sens de leurs idées préconçues et qui confortent leurs convictions, sans préjuger de la véracité de ces informations.

La science n'est pas non plus exempte de croyances. Elle a longtemps cru en la génération spontanée, avant que Louis Pasteur ne démontre que les phénomènes attribués à la génération spontanée étaient dus à la contamination de microbes présents dans l'air ambiant. La même année (1859), Darwin formulait la théorie de l'évolution, alors qu'on avait longtemps pensé que le monde avait été créé par Dieu. Et nous avons vu également que la science écologique n'est pas exempte d'ambiguïtés, notamment en ce qui concerne l'équilibre de la nature.

La question du partage des connaissances scientifiques est un autre monstre du Loch Ness car elle soulève un problème de fond. Actuellement, la production scientifique est tellement abondante et tellement spécialisée qu'il est impossible pour un individu, fût-il lui-même scientifique, d'embrasser l'ensemble de la production, d'en faire la synthèse, et même d'évaluer la pertinence de certaines hypothèses qui sont avancées. On comprend alors la difficulté du partage des connaissances avec les citoyens et les politiques. Dans ce contexte, on se tourne vers une catégorie mal définie : l'expert ! Ce dernier peut être scientifique, ou militant, ou les deux. Mais on ne fait que déplacer le problème, car les experts ne sont pas de super-scientifiques, des démons de Laplace susceptibles d'intégrer toutes les connaissances. Chacun n'en possède qu'une partie, de telle sorte qu'il faut faire appel à une intelligence collective, des comités d'experts… dans lesquels on reproduit les controverses… Le climat nous en a donné de nombreux exemples.

Quoi qu'il en soit, la comitologie reste toujours une affaire d'initiés et de technocrates. La future agence de la biodiversité en est une belle illustration, qui prétend gérer le territoire par des ukases, alors que les agriculteurs, qui sont les principaux acteurs de cette gestion, ne sont pas conviés aux débats. En caricaturant à peine, les agriculteurs sont présentés comme les ennemis de la biodiversité : ils polluent et détruisent les habitats. C'est pratique d'avoir des boucs émissaires qui masquent ainsi la réalité des conséquences de l'urbanisation galopante… Et pourtant, ces agriculteurs sont les seuls à même de gérer la diversité biologique métropolitaine.

Chapitre 8

La diversité biologique : un patrimoine à préserver ?

« Nous avons besoin de défricheurs, d'éveilleurs, pas de rabat-joie déguisés en pythies. Nous avons besoin de nouvelles frontières pour les franchir, pas de nouvelles prisons pour y croupir. L'humanité ne s'émancipera que par le haut. »

Pascal Bruckner (2011).

La conservation de la nature et de la diversité biologique s'articule schématiquement autour de deux traditions bien distinctes. D'une part, la gestion des ressources naturelles qui consiste à protéger les terres ou les eaux, ainsi que les espèces « utiles » participant au développement économique, telles que certains arbres ou les poissons d'intérêt commercial. D'autre part, préserver des espèces et des écosystèmes remarquables ou ordinaires dans le cadre de mesures réglementaires, pour des raisons éthiques, esthétiques ou patrimoniales. C'est sur cette base que s'est développée la politique des aires protégées.

Historiquement, le patrimoine a souvent été associé à des politiques de conservation et de protection pour des raisons d'identité culturelle et comme un outil éducatif afin de construire l'identité des nations. Les premiers arguments en faveur de la préservation patrimoniale de la nature en France, en 1906 puis en 1930, s'appuient sur les canons esthétiques et la notion de pittoresque : « la loi de 1930 établit dans chaque département une liste des "monuments naturels et des sites" dont la conservation ou la préservation présente un intérêt général, du point de vue artistique, historique, scientifique, légendaire ou pittoresque » (Bouisset et Degrémont, 2013). Mais, au fil du temps, ces critères évoluent vers la prise en compte croissante de critères écologiques (Blandin, 2009), dont, maintenant, la diversité biologique.

En France, la conservation a longtemps été synonyme de protection, et les deux termes sont souvent utilisés indifféremment. Pour les Anglo-Saxons, la conservation est perçue comme l'exploitation raisonnée et à long terme des milieux et des ressources, alors que la protection correspond à la mise en défense d'écosystèmes naturels. On proposera donc de retenir le terme « conservation » pour désigner la démarche qui prend en compte la viabilité à long terme des écosystèmes dans les projets de gestion des milieux naturels ou anthropisés. On s'inscrit ainsi dans une dynamique de développement durable. Le terme « protection » sera plutôt réservé aux opérations visant explicitement à préserver des milieux ou des espèces menacés de disparition.

Les politiques actuelles en matière de protection de la nature sont en partie héritières du passé. L'histoire de la protection de la nature est également celle des représentations de la nature parmi différents groupes sociaux ayant chacun des stratégies sous-jacentes d'appropriation de l'espace. En effet, la protection soulève des enjeux concrets et souvent conflictuels, qui se traduisent par un certain type d'aménagement de l'espace ayant des conséquences économiques et sociales car elle consomme du foncier.

Une diversité biologique patrimoniale

Si l'on suit la logique de cet ouvrage, en métropole, avec notre histoire et notre culture, nous qualifions de « naturels » des espaces ruraux qui sont des espaces productifs par excellence, contrôlés par l'homme, à l'image de certaines zones humides ou des paysages de bocage, purs produits de l'agriculture. Il faut dire que, dans nos rapports avec la nature, nous entretenons depuis longtemps une relation particulièrement schizophrène. D'une part, de manière quasi systématique, nous donnons une connotation négative à toutes les activités humaines visant à modifier la nature. Tout aménagement est qualifié de dégradation, par référence sans doute au mythe de la nature vierge que nous déflorons… Mais, par ailleurs, nous nous extasions devant le spectacle de nos paysages ruraux et de nos grandes zones humides, paysages entièrement construits qui, pour certains, sont même devenus des hauts lieux de naturalité. Les sociologues Nicole Mathieu et Marcel Jollivet (1989) avaient d'ailleurs constaté que, pour le citadin « l'environnement, c'est la nature, et la nature, c'est la campagne ». En réalité, pour beaucoup de citoyens, la dualité nature/culture est un faux problème qui n'intéresse que des milieux intellectuels fort éloignés du terrain. Les citoyens ne vivent pas la nature en ces termes. Ils la vivent dans une relation ambiguë faite d'intérêts et de craintes, mais aussi au travers de leurs sens et de leurs émotions.

La patrimonialisation peut se définir comme un phénomène d'appropriation de certains objets par des groupes sociaux, qui mettent en exergue des valeurs telles que la rareté, la singularité, l'esthétique, etc., afin de pouvoir conserver ces objets à titre de témoignage ou de mémoire collective. Les patrimoines sont évidemment en lien avec le passé dont ils sont issus. Ce qui nous renvoie à la question de la transmission du patrimoine : que souhaite-t-on conserver ou transmettre ? Derrière le patrimoine, il y a donc aussi une interrogation sur l'avenir.

Mais les patrimoines sont également liés au rapport que les groupes sociaux entretiennent avec des espaces localisés. Ainsi, au travers du patrimoine, il y peut y avoir une véritable quête de racines, la volonté de rechercher et de préserver des jalons identitaires dans une société qui perd ses repères.

Notre nature métropolitaine est un patrimoine dans le sens où elle est l'héritage de systèmes écologiques créés, gérés, et parfois abandonnés par l'homme. Il s'agit d'objets, de paysages, ou de sites qui peuvent avoir une valeur symbolique, et qui servent à témoigner et/ou à transmettre la mémoire d'un passé révolu. La diffusion de la notion de patrimoine apparaît presque toujours comme une réponse à la menace de disparition d'objets marqueurs d'une histoire sociale (Guichard-Anguis et Héritier, 2009).

> « Se pose la question de savoir s'il est possible de parler de grands sites naturels… parce que tous les grands sites naturels, et même les plus naturels, sont bien, d'un autre point de vue, celui du sociologue précisément, tous culturels à proprement parler. »
>
> André Micoud (1992).

On n'échappe pas aux débats sémantiques. Pour certains, le patrimoine naturel concerne ce que l'humain n'a pas ou peu touché (Bouisset et Degrémont, 2013). Cette autre acception du patrimoine s'inscrit dans la tradition d'une nature sans l'homme, et prolonge le mythe de la nature vierge. On retrouve ici la sempiternelle confusion entre nature vierge et anthropisée. Ce qui ne semble pas gêner les partisans de la nature sans l'homme… Mais apprécions la casuistique : pour le système français de comptabilité, le patrimoine naturel est « l'ensemble des biens dont l'existence, la production et la reproduction sont le résultat de l'activité de la nature, même si les objets qui le composent subissent des modifications du fait de l'Homme » (Insee, 1986). Tout est dans la nuance des « modifications du fait de l'Homme ».

Un autre point de vue, bien plus réaliste, associe nature (ou ses représentations) et anthropisation. Les étangs des Dombes ou de Brenne, les divers bocages, les alpages, sont des coconstructions de l'homme et de la nature, et ne sont pas fondamentalement différents, à ce titre, du patrimoine bâti. Leur valeur écologique n'en est pas moins reconnue comme remarquable. En outre, dans un monde où de nombreuses activités traditionnelles sont en déclin, certains types de milieux ou de paysages liés à un type d'activité économique deviennent rares et peuvent acquérir le statut de témoins du passé que l'on aimerait protéger et conserver. Pour compliquer encore la question, les systèmes agricoles ou forestiers traditionnels constituent, dans l'imaginaire collectif, des exemples d'une maîtrise harmonieuse de la nature par les hommes, et ne sont pas perçus comme des dégradations. Ces témoins d'un passé révolu, à l'exemple de la forêt de Tronçais plantée par Colbert en 1670 pour fournir du bois de qualité à la marine royale, on souhaite les préserver !

Comme le dit si bien Bertrand Hervieu (2012), « les sociétés rurales avaient une vision privée du patrimoine : la terre était un patrimoine privé qu'il fallait agrandir, transmettre. » Aujourd'hui, le monde agricole est confronté à un mouvement de dépatrimonialisation de sa relation à la terre qui, pour près de la moitié, n'est plus détenue par des privés. Simultanément, on voit monter dans l'opinion une demande de patrimonialisation des espaces ruraux : « la terre devient celle des citoyens qui l'habitent, qui la parcourent, qui la vivent, elle n'est plus seulement un outil de travail. Elle représente un patrimoine que l'on peut qualifier de public et intergénérationnel, en quelque sorte ». Cela conduit à reconnaître la multifonctionnalité des espaces ruraux, où la production n'est plus la seule fonction attendue, ce qui suscite des tensions sur l'idée que l'on se fait de l'avenir des campagnes.

Quoi qu'il en soit, le milieu rural n'est certainement pas l'héritage immuable d'un passé qui se perpétue. Il est le résultat de siècles d'usages des terres et de la nature, usages qui ont pu changer au fil du temps, de sorte que notre campagne est plutôt une collection d'éléments disparates, avec des restes d'usages anciens qui ont pu subsister ici et là. Une sorte de patchwork. La diversité biologique actuelle est l'héritage de tous ces usages qui ont pu, à certains moments, privilégier certaines espèces, et à d'autres moments les pénaliser. Mais les usages et les pratiques évoluent eux aussi au fil du temps, de telle sorte que cet héritage est sans cesse remis en question. Ce qui nous pose problème, c'est notamment ce passage d'une agriculture extensive basée sur la polyculture, qui prévalait avant la Seconde Guerre mondiale, à une agriculture intensive basée sur l'utilisation d'intrants. C'est la révolution verte d'après-guerre qui est mise en cause, celle qui a conduit à l'uniformisation de certaines régions et aux pollutions chimiques. Mais c'est aussi l'urbanisation et la pollution urbaine...

Comment préserver un patrimoine dans un environnement changeant ?

La préservation d'une diversité biologique patrimoniale pose la redoutable question de la manière de protéger les habitats et les espèces qui leur sont associées. Beaucoup d'espèces emblématiques de nos campagnes sont liées à des pratiques agricoles et aux espaces gérés par l'agriculture. Ces espaces ont été créés dans un certain contexte économique et en fonction des pratiques de l'époque. À l'instar des bocages, qui ont par la suite été considérés comme des obstacles à la culture intensive. En toute logique, pour protéger notre nature patrimoniale, il faudrait donc maintenir ou faire revivre des systèmes de cultures et des pratiques qui ont disparu ? Ce sont les techniques et les pratiques qui maintiennent ces milieux en l'état et, dans le domaine de la conservation, il n'est pas rare en effet de faire appel aux pratiques agro-sylvopastorales traditionnelles pour conserver les qualités biopatrimoniales de ces milieux.

Ainsi, diverses mesures agri-environnementales ont été mises en place pour pérenniser les systèmes écologiques issus d'activités économiques maintenant abandonnées. Par exemple, les coteaux calcaires de l'estuaire de la Seine ont été très utilisés au XIXe siècle pour les activités agricoles et d'élevage (Dutoit et Alard, 1995). Les pelouses sèches sont particulièrement riches en espèces végétales et en espèces protégées et ont été classées en Znieff. Abandonnées depuis les années 1950 par l'agriculture, ces pelouses deviennent des friches et perdent une partie de leurs espèces remarquables. Pour tenter de remédier à cette situation, le Conservatoire des sites naturels de Haute-Normandie a mené des opérations de restauration. La phase d'entretien est, le plus souvent, effectuée par pâturage extensif itinérant avec des animaux de race rustique, à savoir des moutons, des chevaux, des vaches. Ces actions ont pour objectifs de maintenir les milieux ouverts, permettant ainsi l'expression de nombreuses espèces végétales et animales, témoins de la diversité biologique des sites. Ces mesures sont sans doute intéressantes, mais elles ont un coût.

Sans compter que le climat se met aussi de la partie ! Vouloir conserver des espèces dites patrimoniales à tout prix suppose des efforts importants pour maintenir les conditions écologiques qui leur sont nécessaires. Jusqu'où peut-on aller ? L'ampleur des changements climatiques annoncés doit nous interroger sur le futur de nos systèmes écologiques et la pertinence des mesures de conservation/restauration que l'on est en train de mettre en place, parfois à grands frais, sans tenir compte de ces changements potentiels. On a déjà évoqué le cas de la Camargue (chap. 4). Dans l'estuaire de la seine, si le niveau marin monte d'un mètre, ce qui correspond aux prévisions de certains chercheurs, la moitié de la réserve naturelle sera inondée.

On pourrait multiplier les exemples, mais on voit bien que les efforts, aussi louables soient-ils, pour conserver une nature patrimoniale, servent à retarder des échéances inéluctables. D'une part, et quoi qu'on puisse penser concernant le réchauffement climatique, il faudra faire avec, et les caractéristiques de l'environnement vont changer. D'autre part, le maintien de l'existant devient de plus en plus difficile, car la pérennisation des pratiques traditionnelles ne peut se généraliser dans un contexte économique et social qui change lui aussi.

On peut être nostalgiques de nos paysages passés, mais la véritable question à se poser dans un monde où le contexte climatique ainsi que les usages des systèmes écologiques sont en cours de changements reste : quelles natures voulons-nous ? En sachant que, compte tenu de nombreuses contraintes, tant climatiques que sociales, la question se pose aussi en ces termes : quelles natures aurons-nous ? Un compromis entre nos rêves et la réalité du terrain. La manière dont la matrice agricole sera gérée au XXIe siècle constitue sans doute le secteur clé pour l'avenir de la diversité biologique au sein des systèmes anthropisés de France et d'Europe.

Un héritage confronté à des changements d'usage

Une situation assez fréquente est la perte des usages pour lesquels les systèmes anthropisés ont été créés. Sans que cela soit absolument généralisable, il apparaît que l'abandon des pratiques d'usages conduit souvent à l'embroussaillement et la fermeture des milieux pour les systèmes terrestres. Les écologues disent qu'il y a réduction de la diversité biologique, ce qui peut se traduire par « il y a disparition d'une diversité d'habitats au profit d'un habitat plus uniforme, de telle sorte que la richesse globale en espèces diminue ». Comme le souligne un rapport sur la forêt méditerranéenne, « travailler au maintien de la biodiversité écologique nécessite de travailler principalement au maintien de la diversité des pratiques et des praticiens » (Forêt méditerranéenne, 2011). C'est plutôt la diminution de la diversité des pratiques et des praticiens qui serait à l'origine de la diminution de la diversité biologique elle-même ! Ce n'est donc pas en excluant l'homme de la nature que l'on améliorera la situation de la diversité biologique.

Si certains de ces milieux ne sont plus gérés pour fournir les services attendus, on doit s'interroger sur leur devenir. Faut-il maintenir le type de gestion auquel ils étaient soumis, pour les maintenir dans l'état que nous souhaitons, ainsi que leur diversité biologique ? Ou, dans la mesure où ce sont des systèmes artificiels, est-on en droit de les faire évoluer vers de nouveaux types d'usages ? Et lesquels ?

Les usages des systèmes anthropisés ont bien entendu évolué au cours du temps. En Europe, la contribution des systèmes écologiques à l'activité économique a certes perdu un peu de son importance mais reste très forte. Simultanément, les citoyens sont de plus en plus concernés par leur cadre de vie. L'urbanisation croissante s'accompagne d'une demande tout aussi croissante d'espaces verts et de lieux de détente. C'est ce qui explique en partie la floraison des programmes périurbains dits de restauration, notamment par le réinvestissement des berges des fleuves (Lévêque, 2016).

Dans certains cas, il n'y a pas abandon, mais changement d'usage. Ainsi, les étangs de Sologne et de Brenne, qui avaient été créés pour l'élevage du poisson d'eau douce et sa consommation en période de carême, ont perdu leur utilité. En revanche, ils sont maintenant recherchés pour la chasse, et leur location est très rémunératrice. Sans ce transfert d'usage, il y a fort à parier que beaucoup d'entre eux auraient été asséchés pour cultiver du maïs.

La machine à vapeur a supplanté les moulins à eau, mais la production d'énergie électrique a pris le relais en matière de barrages sur les cours d'eau, ce qui correspond à un transfert d'usage. Si certains écologues et mouvements militants réclament maintenant la restauration de la continuité écologique, par contre, beaucoup de citoyens sont opposés à l'arasement des barrages, devenus un élément du patrimoine local et du développement économique. D'ailleurs, autre paradoxe : certains barrages sont eux aussi devenus des hauts lieux de la diversité biologique.

Les très nombreuses gravières, produits de l'activité industrielle, qui parsèment le territoire, constituent un autre exemple. Qu'on le veuille ou non, le bâtiment a besoin de granulats dans l'état de nos techniques. Les puristes refusent de considérer les gravières comme des zones humides, alors qu'une fois aménagées, elles accueillent de nombreuses espèces aquatiques, dont des espèces protégées.

On peut noter que d'autres usages de la nature sont en train d'apparaître. La photographie de la nature, notamment de ses beaux paysages mais aussi des animaux, est une activité qui a rapproché le citoyen de la nature. Avec l'amélioration des appareils photographiques, la photo de plantes et d'animaux a pris de plus en plus d'importance, et les revues de photo nature ainsi que les forums se sont multipliés. On constate un intérêt croissant pour l'observation et la photo animalière, qui suscitent un développement touristique significatif dans certaines régions. Ainsi, le lac du Der, ce réservoir artificiel créé en Champagne pour éviter que Paris soit inondé, est-il devenu un haut lieu de naturalité et attire-t-il nombre de touristes venus photographier les grues cendrées.

Je fais le postulat que, sans usages avérés, ou la démonstration que des systèmes écologiques sont utiles à la satisfaction de ses besoins en matière de cadre de vie et d'activités ludiques, le citoyen européen se désintéresse de leur devenir. La conservation de la nature passe par la démonstration qu'elle est utile aux hommes, et non par des gestes d'exclusion. Bien entendu, cette question de l'utilité n'est pas exclusive de considérations éthiques ou esthétiques. En particulier, le citoyen est sensible aux aspects patrimoniaux. Mais il est fondamental que les citoyens sachent pourquoi on dépense de l'argent dans ce domaine et pas dans d'autres, et ce que la société y gagne, pour qu'il adhère à ces choix. Or, le plus souvent, on lui parle un langage ésotérique sur une nature virtuelle qu'il n'appréhende pas. Le citoyen aime les choses concrètes : cueillir des baies ou des champignons, pêcher des poissons, retrouver de beaux paysages et des espaces verts dans lesquels il puisse se détendre, etc. Il vit la nature, il ne l'intellectualise pas.

On a vu surgir des propositions un peu inattendues en matière de changement d'usage : transformer les zones abandonnées par une déprise agricole en zones de *wilderness*. Il existe en effet à l'échelle européenne un courant assez fort (Barthod, 2010) pour créer des espaces où on déciderait de restaurer les dynamiques naturelles, sans intervention, ni exploitation : en leur laissant libre cours. Sur un plan culturel, on donnerait ainsi satisfaction à des demandes éthiques en matière de préservation de la nature, émanant de milieux conservationnistes et des milieux urbains, sans perdre de vue que le tourisme pourrait aussi en tirer profit, comme on a pu le constater dans le Parc national de la forêt de Bavière, par exemple. En outre, on trouverait ainsi une solution pour réduire les coûts de gestion très élevés de vastes zones protégées où l'activité agricole extensive est en régression, et dans lesquelles on cherche à maintenir « artificiellement » des habitats naturels.

> « La sanctuarisation de la nature *via* les aires protégées conduit à un enfermement et à la séparation d'avec le milieu environnant. Le lieu public devient espace privatisé où ne sont admis que les "bons" usagers par opposition aux "mauvais", et où l'on érige des frontières pour s'en défendre et prémunir. Le domaine public devient alors un domaine réservé, une réserve, comme son nom l'indique. »
>
> Bernard Kalaora (2007).

La restauration écologique pose des problèmes similaires. Parler de restauration, c'est faire le constat que quelque chose ne va pas dans l'écosystème considéré. De manière générale, on met en cause les activités humaines, qui ont entraîné des perturbations dans le fonctionnement du système écologique que nous, les hommes, estimons « négatives ». De manière spontanée, le terme « restaurer » incite à penser qu'il s'agit de rétablir un état antérieur. Restaurer un meuble, c'est le remettre dans son état d'origine. Dans l'esprit du public et des gestionnaires, il y a une idée bien ancrée : l'objectif de la restauration des systèmes écologiques est de retrouver un état historique, supposé plus « naturel » et moins perturbé que l'état actuel. Pourtant, cette idée très populaire va à l'encontre de la notion de trajectoire des systèmes écologiques. Parmi les facteurs en cause, outre les facteurs climatiques, intervient l'arrivée de nouvelles espèces, que ce soit par migration spontanée ou par introduction volontaire ou accidentelle. On peut déplorer l'arrivée de ces espèces allochtones, mais elles sont là, et pour longtemps. L'expérience montre en effet que la lutte contre les espèces invasives relève souvent de l'incantation. Peut-on éradiquer la palourde japonaise qui s'est naturalisée sur nos côtes et qui fait le bonheur des pêcheurs de coquillages ?

Il faut ajouter que les suivis à long terme qui permettraient de s'assurer que les objectifs ont été atteints sont assez rares, et que les résultats obtenus dans plusieurs opérations dites de restauration des cours d'eau sont très mitigés (Lévêque, 2016).

Quand l'économie se mêle de gérer la nature

Le concept de « services écosystémiques » s'inscrit dans la continuité des efforts engagés par des ONG de conservation de la nature, pour donner une valeur monétaire à la diversité biologique. L'un des objectifs est de montrer que la diversité biologique joue un rôle stratégique dans notre économie, ce qui justifierait ainsi sa protection.

La notion de services écosystémiques est avant tout anthropocentrique puisqu'elle vise à évaluer les bénéfices que l'homme peut tirer de la nature. Il est un peu surprenant qu'elle soit soutenue par des mouvements militants qui professent par ailleurs que la nature a une valeur intrinsèque. Cette notion des services rendus par les écosystèmes, à la portée pédagogique certaine, a suscité beaucoup d'engouement intellectuel. À noter que Laurent Mermet avait déjà comparé, en 1995, les zones humides à des infrastructures (stations d'épuration) pour montrer l'intérêt de leur préservation dans le cadre du plan « zones humides » (Mermet, 1995). Il y avait ici une démarche de type analogique dans un objectif pédagogique. Mais, dans son application concrète, cette notion de services écosystémiques présente de nombreuses zones d'ombre.

On peut, certes, mettre en avant les services rendus par les écosystèmes « naturels ». Mais la logique voudrait aussi que l'on mette en regard les services rendus par les aménagements. Ainsi, le vaste réseau de canaux hydrauliques de la plaine provençale permet-il l'irrigation des parcelles. On a pu montrer aussi qu'il assure la recharge des aquifères, et l'alimentation en eau de la Crau par exemple, zone dépourvue d'eaux naturelles. Il permet également le drainage des eaux superficielles lors des épisodes pluvieux (Aspe *et al.*, 2014). Par ailleurs, sur le plan écologique, on a constaté que ces canaux servent de zone refuge, voire parfois de zone de reproduction, aux poissons, y compris pour des espèces menacées comme le vairon ou l'apron du Rhône.

En définitive, si la notion de service écosystémique est à la mode, et que certaines administrations ou associations en font largement état, la mise en œuvre opérationnelle de ces concepts se heurte à de grandes difficultés méthodologiques.

De fait, le recours aux solutions marchandes pour alimenter le débat autour de la conservation de la diversité biologique, s'avère beaucoup plus théorique qu'opérationnel (Laurens, 2014). Ceci d'autant plus que les controverses sont nombreuses concernant les méthodes d'évaluation économique et la validité des résultats qu'elles fournissent. Sans compter que ces notions restent confinées à un cénacle d'experts et que les citoyens s'y intéressent peu.

Une fois encore, on est dans le spéculatif, et beaucoup d'économistes sont dubitatifs quant à leur portée opérationnelle. On donne l'impression de développer des outils pour la protection de la diversité biologique, mais on manque de méthodologies. On peut même se poser la question de savoir s'il ne s'agit pas simplement de temporiser les prises de décisions en demandant sans cesse de nouvelles évaluations.

Une nature pour les hommes ?

Depuis que les mouvements de conservation de la nature ont commencé à émerger, des conceptions différentes se sont fait jour (Mace, 2014). Avant 1960, on considérait que la nature avait une valeur intrinsèque, indépendamment de toute utilité, et que le domaine sauvage devait être préservé en tant que tel des exactions de l'homme. Ce type de conservation de « la nature pour elle-même », qui privilégie la protection des habitats naturels vierges, la conservation des espèces et les aires protégées, reste toujours d'actualité, mais n'a qu'une pertinence limitée en métropole.

Vers la fin des années 1990, on fait le constat que la pression sur les habitats est telle que les tentatives de conservation se révèlent impuissantes à enrayer l'érosion de la diversité biologique. Mais on prend conscience également qu'il y a des bénéfices potentiels à la préserver. C'est à cette époque qu'émerge la notion de services écosystémiques, et la conservation évolue alors de la protection à la gestion intégrée des écosystèmes dans le but d'en tirer bénéfice. C'est une conservation de type « nature pour les hommes » qui a été portée par l'Évaluation des écosystèmes pour le millénaire.

Parallèlement, l'idée que les hommes font partie des écosystèmes s'impose, ainsi que la nécessité de prendre en compte la dimension sociale. Les aires protégées avaient été présentées comme des mesures d'urgence face à une dégradation générale de la biosphère. Mais créer des îlots de protection où tout est interdit dans un océan de milieux exploités n'apparaît plus nécessairement comme la bonne solution. Dans la mouvance du développement durable, on a en effet redécouvert que, pour être efficace, la protection de la nature devait s'appuyer sur les ressources sociales, culturelles et politiques locales. C'est le type de conservation « les hommes et la nature ».

Cette évolution des objectifs et des stratégies s'est faite en peu de temps, et il en résulte une multiplicité des points de vue et des motivations. Mais les différences idéologiques sous-jacentes sont aussi à l'origine de frictions et de tensions. D'autant qu'avec le dernier type, « les hommes et la nature », qui suppose une démarche multicritère, il est difficile d'évaluer le succès des mesures de conservation. En effet, on n'est plus dans une logique de protéger une nature vierge ou peu impactée, mais dans celle de la recherche de compromis entre la protection des espèces et des habitats et les usages de la nature par les sociétés. Difficile, dans un tel contexte, d'avoir recours à des indicateurs quantifiés.

En réalité, la prise en compte des relations nature-société est un cheval de Troie pour les préservationnistes purs et durs, car elle déplace le focus de la conservation du concept écocentrique d'écosystème structuré et en équilibre vers celui d'écosystèmes sur trajectoires, auxquels on associe la vision anthropocentrique des biens et services rendus. Comme le souligne Corlett (2015), l'attention s'est portée en écologie sur les systèmes anthropisés et les nouveaux écosystèmes, remettant en cause la pertinence des objectifs traditionnels en biologie de la conservation. Bien entendu, il y aura toujours, des individus qui, au nom de croyances, ou de l'éthique, continueront à se faire les apôtres du principe d'exclusion de l'homme de la nature. Ce qui veut dire que tout n'est pas négociable…

Le cas du Parc national des Calanques est un exemple intéressant où la frontière entre nature et culture est largement artificielle car, en dépit du fait que ce soit un espace naturel remarquable, c'est aussi un espace à l'identité culturelle forte.

> « On a donc affaire à un lieu qui, en aucun cas, ne peut se définir uniquement comme un espace naturel. Il fait l'objet d'une identification collective, est un espace d'expression sociale et culturelle et un lieu de mobilisations. C'est aussi un espace fragilisé par la multiplication des effets impactant des activités humaines, professionnelles et de loisirs, au cours des XIXᵉ et XXᵉ siècles. Toute la difficulté est alors de réussir à concilier les mesures de préservation du milieu biologique – avec les restrictions d'usages et d'accès que cela implique – et le maintien de pratiques sociales et culturelles constitutives de la vie locale. »
>
> Hélène Melin, (2011).

Chapitre 9

Peut-on piloter les trajectoires de la nature ?

> « [...] la non-pertinence, donc, de notre mode de connaissance et d'enseignement, qui nous apprend à séparer (les objets de leur environnement, les disciplines les unes des autres) et non à relier ce qui pourtant est "tissé ensemble". L'intelligence qui ne sait que séparer brise le complexe du monde en fragments disjoints, fractionne les problèmes. Du coup, plus les problèmes deviennent multidimensionnels, plus il y a incapacité à penser leur multidimensionnalité ; plus les problèmes deviennent planétaires, plus ils deviennent impensés. Incapable d'envisager le contexte et le complexe planétaire, l'intelligence devient aveugle et irresponsable. »
>
> Edgar Morin (1999).

Si l'on se fixe comme objectif d'accompagner et d'orienter la nature, un premier obstacle de taille est à surmonter : les attentes en matière de nature sont très différentes dans la société. Certains y voient un réservoir de biens et de services, une vision utilitariste qui implique une gestion raisonnée des ressources. D'autres voudraient faire de nos territoires des espaces protégés où la nature puisse « retrouver ses droits », une vision fortement marquée par l'éthique, voire les religions, qui vise à exclure l'homme de la nature. Mais en réalité, dans nos sociétés occidentales, qui ont leur vécu et qui sont habituées à un certain confort, la nature est devenue avant tout une valeur refuge, un lieu de délassement, de ressourcement. On attend d'elle qu'elle soit accueillante et sécurisée, qu'elle corresponde, au moins en partie, aux images oniriques du paradis perdu. Nombre de citoyens sont également sensibles à la flore et à la faune, mais aussi (et peut-être surtout) aux paysages. En d'autres termes, ils recherchent une impression de naturalité dans un univers qui n'est en aucun cas le retour du sauvage avec les nuisances qui lui sont associées, mais qui peut donner l'apparence de sauvage. La préoccupation « biodiversité » n'est d'ailleurs pas la plus importante quand on interroge les citoyens, c'est avant tout le cadre de vie qui les intéresse (Lévêque, 2016). Mais les mouvements conservationnistes sont actifs au niveau des administrations et des médias, et cherchent à imposer leurs représentations de la nature.

Un second obstacle est que la dynamique des systèmes écologiques et sociaux s'inscrit sur des trajectoires temporelles et spatiales, autrement dit, ils évoluent en permanence, sans retour en arrière possible. Le fonctionnement de nos anthroposystèmes, qui est aléatoire et conjoncturel, demande des réajustements périodiques pour se rapprocher de situations qui répondent au mieux aux diverses attentes de la société dans le contexte climatique et social du moment. Ceci nous oblige à regarder les choses autrement. Nous ne pouvons plus planifier la gestion de la nature à la manière de l'ingénieur, en nous fixant des objectifs et des échéances. Différentes méta-analyses sur les résultats des opérations de restauration montrent en effet que les objectifs qui avaient été fixés ne sont pas souvent atteints (De Billy *et al.*, 2015). Ce qui ne veut pas dire que tout va mal pour autant, mais simplement que la théorie ne rencontre pas la réalité.

Il ne s'agit donc pas de fabriquer une nature dont nous rêvons, c'est-à-dire de se fixer une référence utopique que l'on souhaiterait voir se concrétiser, mais de piloter, dans la mesure du possible, son évolution sur le long terme, en essayant de faire en sorte que cette évolution corresponde plus ou moins à nos attentes. Pour cela, il faut en permanence jouer sur les paramètres physiques, biologiques et sociaux, pour trouver le meilleur compromis possible à l'instant donné. Il ne s'agit plus de fantasmer sur le passé et le paradis perdu, mais de co-construire une nature à venir, à bénéfices réciproques ; il ne s'agit plus de ne parler que des services que nous procure la nature, mais de prendre en compte les nuisances qu'elle nous procure. Retour au réalisme ! Et il faut se faire à l'idée que la nature du citoyen n'est pas simplement un assemblage d'objets qui serait régi par des lois universelles. Pour beaucoup, le rapport à la nature est avant tout empreint de sensualité et d'émotions.

Nous nous inscrivons ainsi dans le cadre du scénario proposé sous le nom de « techno-jardin » par l'Évaluation des écosystèmes pour le millénaire, avec un usage important des technologies et de l'ingénierie environnementale pour favoriser une gestion proactive des écosystèmes. Bien entendu, il ne s'agit pas de développer une nouvelle approche prométhéenne dans nos rapports à la nature, en laissant croire que nous pouvons tout régenter. Nous devons rester humbles, car l'ingénierie écologique est encore balbutiante, et les forces de la nature nous dépassent souvent. Si la mer monte, si la pluviométrie diminue, il faudra s'adapter. On ne peut donc pas tout faire !

Mais, simultanément, nous savons que la nature est fortement contingente, en fonction de son histoire évolutive et des cultures des sociétés locales qui l'ont façonnée. Autrement dit, les questions et les objectifs qui se posent ici ne sont pas nécessairement les mêmes que ceux qui se posent ailleurs. Nous nous situons alors dans le contexte du scénario « mosaïque adaptative » de l'Évaluation des écosystèmes pour le millénaire, avec des stratégies de gestion proactives des écosystèmes mises en place un peu partout grâce à des institutions locales renforcées. Cette démarche territorialisée correspond mieux à la réalité du terrain, et s'oppose, au moins en partie, à la démarche qui consiste à globaliser et internationaliser les questions concernant la nature. C'est au niveau local que peut se faire une bonne gestion, sachant néanmoins qu'il y a interférence entre les niveaux locaux et les niveaux globaux, à l'exemple du climat et de son évolution, ou des systèmes économiques. On est alors confronté à la question des changements d'échelles, un problème classique mais délicat dans le cadre des approches systémiques.

Les capacités prédictives de l'écologie sont limitées

Gérer, c'est aussi anticiper afin de prendre des décisions dont on peut espérer qu'elles ne se révéleront pas désastreuses dans le futur. Notre vision des futurs, souhaités ou redoutés, va influer sur le choix de nos actions présentes. Et c'est à ce stade que l'on se trouve confronté à une autre question qui fâche : quelles sont nos capacités à prévoir l'avenir des anthroposystèmes ? Il faudrait pour cela être capable d'appréhender à la fois l'évolution de la nature et ses interactions avec la dynamique des systèmes sociaux et économiques. Or nous savons que la dynamique de la diversité biologique est sous la contrainte de nombreux facteurs, dont certains sont aléatoires ou résultent tout simplement du hasard, de telle sorte que le futur est nécessairement différent du passé (Lévêque, 2013). Dans ce contexte, il est difficile de faire des prévisions, car on ne maîtrise pas l'évolution du climat et de ses aléas, ni certains phénomènes tels que les espèces qui se déplacent et se naturalisent (que certains appellent invasives) ou les épidémies…

Pour un écologue tant soit peu sérieux, il est donc difficile de fixer des objectifs précis à atteindre en matière de diversité biologique, au-delà des trois principes fondamentaux mais généraux de la restauration écologique : recréer de l'hétérogénéité, recréer de la variabilité, réduire les pollutions chimiques. C'est probablement une des raisons pour lesquelles le terme « biodiversité » reste si mal défini. Dans ce contexte, nous sommes amenés à prendre des décisions en situation d'incertitude ! Pourtant, certains scientifiques aimeraient nous faire croire que la modélisation répond à cette attente. La croyance quasi religieuse quant aux performances de la modélisation ne doit pas faire oublier la grande diversité des paramètres en jeu, ainsi que le rôle du hasard et de la conjoncture dans la dynamique des systèmes écologiques. Si la modélisation est utile pour réfléchir au fonctionnement des systèmes complexes, elle ne peut certainement pas être utilisée comme une boule de cristal pour prévoir l'avenir (Lévêque, 2013).

Par ailleurs, il faut rappeler que les systèmes que nous étudions sont complexes. Dans la notion de complexité, il y a l'idée que tout système est composé d'éléments qui interagissent entre eux sous des formes très variées, et dont la résultante n'est pas directement accessible au simple bon sens. La reconnaissance de la complexité a un corollaire : elle nous conduit à admettre qu'il y a une part d'indétermination dans la nature, qu'il peut y avoir du hasard, de la contingence, des catastrophes, des événements improbables. Il y aurait donc une limite à la formalisation du savoir, dans un monde qui n'est pas de nature déterministe et qui ne fonctionne pas sur le modèle des machines. D'une certaine manière, c'est accepter l'idée qu'un système peut être une « boîte noire », avec ses entrées et sorties. La chose est difficile à admettre pour beaucoup de citoyens, dans une société où le risque n'a plus sa place.

Mais, si l'on ne peut pas prédire, on peut au moins réfléchir en fonction des connaissances locales. Comment infléchir la trajectoire d'évolution d'un système écologique en jouant sur la nature et sur l'intensité des pressions dont il fait l'objet ? Cela suppose que l'on fasse un peu de prospective. Il s'agit de construire une alternative crédible à l'état actuel des systèmes. Peu de chance que, sur les grands fleuves, on veuille retrouver la nature sauvage… Les crues centenaires ont marqué les esprits !

Mais on peut avoir pour ambition de retrouver un peu plus de naturalité sur les berges, et une vie plus active dans les eaux.

Pour envisager des futurs à la nature, il faut se dégager des traditions philosophiques et des croyances qui considèrent que la nature est statique. Mais il faut aussi prendre en compte les capacités de la nature elle-même à évoluer car elle fomente également du futur (Granjou, 2015). Il est symptomatique que de nombreux projets de conservation ou de restauration ne fassent pas de prospective. S'intéresser au futur implique de posséder la boîte à outils pour le faire et, surtout, d'accepter l'idée que le futur puisse être différent du présent.

La prospective nous invite donc à penser l'avenir comme un espace de projet. Il s'agit d'imaginer des situations et des orientations, ainsi que les marges de manœuvre que l'on pourrait avoir pour envisager un avenir souhaité. Il y a toujours plusieurs futurs probables, qui ne sont pas nécessairement l'extrapolation de la situation actuelle. Il peut exister en particulier des ruptures d'origine sociale ou technologique. C'est exactement l'ambition à laquelle nous invitait L. Mermet (2005). Avoir en tête que le but recherché est de trouver des compromis permettant de maintenir un maximum d'usages compatibles les uns avec les autres, tout en construisant des systèmes écologiques répondant aux attentes de la société, et en évitant de se poser de fausses questions.

Petit commentaire qui a son importance : faire de la prospective suppose d'avoir une bonne connaissance du terrain. Ce n'est pas un exercice « hors-sol » qui s'effectue dans les bureaux et derrière les ordinateurs, mais sur le terrain, avec des participants qui ont une bonne expérience locale.

Agir en univers incertain : des mesures « sans regrets » ?

Si l'avenir est incertain, que peut-on faire d'intelligent ? On a parfois évoqué l'intérêt des mesures « sans regrets » préconisées par le Giec, c'est-à-dire les mesures que l'on estime utiles et qui pourraient être déployées sans retard pour réduire les impacts anthropiques sur les systèmes concernés. Parmi ces stratégies sans regrets, il y a celles qui visent à réduire les impacts sur la nature, et celles qui visent à favoriser les conditions d'adaptation de la biodiversité (Chevassus-au-Louis, 2015).

Nul doute que la réduction des pollutions reste un objectif prioritaire, en milieu aquatique comme en milieu terrestre, et les innovations qui se profilent, dans le domaine du biocontrôle par exemple, laissent espérer des progrès importants (Bernard, 2016). Encore faut-il encourager les recherches dans ce secteur, car les grands groupes industriels n'y ont peut-être pas intérêt. Mais il faut aussi savoir raison garder : s'il y a des abus manifestes en matière de pollution, par les pesticides par exemple, demander leur suppression complète serait irresponsable. Nombre de médicaments sont dangereux à forte dose, mais très utiles quand on les utilise correctement. Il s'agit donc de tenter de rationaliser l'utilisation de ces produits. C'est l'ambition notamment du plan Écophyto, et des différentes mesures visant à limiter l'emploi des pesticides. Ces mesures commencent modestement à porter leurs fruits et doivent être poursuivies, voire intensifiées. La promotion de l'agroécologie va également dans le sens d'une réduction de l'utilisation d'intrants. Dire que l'on ne fait rien est de la pure polémique. Dire que tout va bien aussi…

En écologie scientifique, l'hétérogénéité des habitats et la variabilité des facteurs environnementaux sont autant de phénomènes qui favorisent la diversification de la vie. Or certains aménagements ont surtout porté sur la maîtrise de la variabilité, et sur la réduction de l'hétérogénéité. Il faut sinon renverser, du moins atténuer cette tendance. Restaurer les habitats en recréant de l'hétérogénéité est l'un des atouts maîtres du problème écologique. L'habitat fonctionne comme un filtre, sélectionnant la présence d'espèces dont les traits biologiques et les stratégies écologiques sont les plus appropriés aux caractéristiques de cet habitat. Recréer de l'hétérogénéité d'habitats, c'est potentiellement favoriser la présence d'un plus grand nombre d'espèces. C'est la diversité des habitats qu'il faut restaurer et la diversité biologique s'en accommodera. Mais recréer de l'habitat sans traiter d'abord les pollutions est un peu vain…

De ce point de vue, les résultats du projet de recherche européen BioBio sont édifiants (Schneider, 2014). Ils montrent que, dans l'ensemble, la diversité d'espèces est à peine supérieure dans les exploitations biologiques par rapport aux conventionnelles. De plus, la présence d'espèces rares ou menacées ne dépend pas non plus du mode d'exploitation. Il en ressort que le paramètre essentiel qui détermine le niveau de diversité biologique dans une exploitation agricole (selon les critères utilisés dans ce travail) est la diversité des habitats non cultivés ou semi-naturels présents en son sein, et ce, quel que soit le mode de production, biologique ou conventionnel. Les milieux semi-naturels, comme les haies ou les bandes herbacées dans les exploitations de grandes cultures ou d'élevage, font considérablement augmenter le nombre total d'espèces de l'exploitation. Une piste intéressante qu'il faudrait néanmoins approfondir.

Vers de nouveaux écosystèmes ?

Notre propension à vouloir maintenir l'existant amène à pratiquer une politique de l'autruche dans les opérations de conservation et de restauration. Or, à de rares exceptions près, dans nos pays à forte tradition agricole, la restauration *sensu stricto* pour retrouver un état supposé historique est un exercice sans objet. Ce n'est pas non plus la priorité des citoyens, qui sont plus sensibles aux aspects esthétiques et ludiques qu'à la diversité biologique.

Dans les faits, de nombreux travaux qualifiés de « restauration » consistent à aménager les systèmes écologiques. Pour les systèmes aquatiques, la plupart des projets de restauration sont motivés par des raisons esthétiques, économiques ou sécuritaires, et non pas pour protéger ou restaurer la diversité biologique (Morandi et Piegay, 2011). On parle alors de « renaturation ». Divers projets péri ou intra-urbains sont ainsi réalisés par les grandes villes afin de reconquérir les rives de leurs cours d'eau, à la grande satisfaction des citadins (Lévêque, 2016). Le plus souvent, on reverdit les berges au moyen de plantations, et on cherche à développer des usages ludiques et des lieux de détente dans un environnement re-paysagé et re-naturé. L'objectif de protection de la biodiversité, lorsqu'il est affiché, ne sert en réalité qu'à la promotion de ces opérations, qui restent par ailleurs tout à fait légitimes dans leurs objectifs.

La gestion de ces systèmes écologiques pour lesquels le retour à une situation historique de référence est improbable doit donc être envisagée différemment (Hobbs *et al.*, 2013). Cette gestion doit se faire sur la base de compromis et prendre en compte le contexte climatique et biogéographique, mais aussi des critères économiques, culturels, et sociaux. Si on nous dit souvent que les écosystèmes modifiés par l'homme sont « dégradés », il faut savoir néanmoins que ces systèmes hybrides fonctionnent aussi bien que les systèmes historiques, mais avec de nouvelles combinaisons d'espèces, de nouveaux processus, voire de nouvelles fonctions. Les conséquences des aménagements ne doivent pas être jugées sur des principes ou des idées reçues, mais sur des faits. Nous sommes dans un contexte où, tout à la fois, on perd et on gagne… et ce n'est pas parce qu'un système est modifié qu'il est en danger. Les discours des milieux conservationnistes dans ce domaine sont inutilement alarmistes, et induisent le public en erreur.

Confrontés aux évidences, certains scientifiques franchissent le pas et parlent de « nouveaux écosystèmes ». Posons le problème : si les systèmes écologiques dans lesquels nous vivons sont des systèmes déjà anthropisés, que l'environnement abiotique se modifie (avec le changement climatique notamment), et que les espèces d'origine allochtone vont poursuivre la colonisation des systèmes existants, de manière spontanée ou par introduction volontaire, nous sommes dans un cas de figure où le maintien de systèmes écologiques historiques n'a plus beaucoup de sens. Prenant en compte cette réalité, Hobbs *et al.* (2009) proposent alors de prêter plus d'attention à ces « nouveaux écosystèmes », pour lesquels ils distinguent trois grandes catégories, selon l'importance des modifications : ceux qui sont encore proches des systèmes historiques, ceux qu'ils qualifient d'hybrides, avec un mélange de composantes historiques et nouvelles, et ceux qui constituent des systèmes écologiques presque entièrement nouveaux.

Ce qui est nouveau dans les comportements des écologues par rapport à ces systèmes écologiques, c'est que ces nouveaux écosystèmes doivent être étudiés en tant que tels, en raison de leur contribution croissante au fonctionnement de la biosphère. Ce ne sont pas des systèmes dégradés, mais des systèmes fonctionnels entièrement différents de ceux qui existaient auparavant, avec par exemple l'existence de nouvelles et uniques combinaisons d'espèces résultant directement d'une altération volontaire ou non par l'homme. Il faut tirer les conclusions qui s'imposent devant l'impossibilité de restaurer le passé. Après tout, si des assemblages d'espèces de différentes origines fonctionnent sans intervention humaine, ce sont tout simplement des écosystèmes (Corlett, 2015). Et ils peuvent être gérés pour rendre des services équivalents à ceux des écosystèmes historiques.

On peut penser que la mise en scène d'une nature bien gérée grâce au génie écologique et à l'art du jardinier, afin d'obtenir l'impression recherchée de naturalité, est un des objectifs des opérations de renaturation. En effet, si certains veulent une nature libre, sauvage, source d'émotions et de valeurs spirituelles, « pourquoi les émotions ressenties par les rares élites ou élus ayant accès à la nature réservée auraient-elles plus de valeur que les émotions de ceux qui jouiraient, près de chez eux, d'un écosystème fait de la main de l'homme ? » (Blandin, 2008). Et en poussant plus loin encore le raisonnement, « pourquoi se limiter à la réalisation de copies à peu près conformes des systèmes écologiques du passé, cette belle vraie nature que connaissaient nos aïeux ?

Pourquoi ne pas envisager aussi la création de systèmes écologiques nouveaux rassemblant de nouvelles biodiversités ? » (Blandin, 2008).

Ce concept de « nouveaux écosystèmes » a bien entendu suscité des réactions virulentes de certains scientifiques critiquant le fait qu'il est mal défini et peut conduire, dans la pratique, à de mauvaises interprétations. Mais c'est une opportunité pour tester une démarche qui prenne en compte réellement la notion de trajectoire des systèmes écologiques, et qui, de surcroît, propose une approche pragmatique pour pacifier nos rapports à la nature.

Ce concept de nouveaux écosystèmes bouscule notamment la notion de « bon état écologique », qui est pourtant centrale dans la directive-cadre européenne sur l'eau. Parler de bon ou de mauvais état suppose implicitement que les écologues puissent se référer à un état « standard », supposé de référence. Ce qui nous renvoie au sempiternel problème de l'existence d'un état idéal, supposé en équilibre en l'absence de perturbations. On pourrait ainsi penser que le bon état écologique est celui qui existerait en l'absence de l'homme, le fameux état pristine… ou du moins, un état peu perturbé. Ce qui nous renvoie, ici encore, au mythe de la nature vierge. Le raisonnement a certes un aspect rationnel et séduisant. En toute logique, connaissant cet état supposé idéal, on pourrait alors évaluer et quantifier l'importance du niveau d'impact. Un raisonnement qui fleure bon la science de l'ingénieur, et qui ravit les juristes, amenés à légiférer sur la nature ! Mais si on remet en cause le concept de l'équilibre, l'idée de normes s'effondre. En matière de restauration et à quelques exceptions près, personne ne croit réellement que l'on puisse revenir à un état « pristine » antérieur à la perturbation. Pourtant, il est symptomatique que les indices biotiques, qui ont été développés dans le cadre de la DCE pour apprécier l'évolution de l'état des systèmes aquatiques sur le long terme, fassent délibérément l'impasse sur les espèces qui se naturalisent… et qui, pour certaines, jouent un rôle structurant dans le fonctionnement de ces systèmes écologiques.

En réalité, la référence au bon état écologique ne devrait pas être un regard nostalgique sur le passé, mais une projection sur le futur, élaborée localement en fonction du contexte et des attentes des parties prenantes.

De nouveaux écosystèmes : aménagements des carrières en eau

Les entreprises de bâtiment ont des gros besoins en granulats… que l'on extrait principalement dans le lit majeur des fleuves. Pendant longtemps, les producteurs de granulats n'ont guère prêté attention aux conséquences des extractions sur l'hydromorphologie des fleuves, et plus généralement sur la diversité biologique. Depuis, ils ont pris conscience que les carrières en eau pouvaient être réhabilitées après usage, ce qui améliore significativement leur image. Il existe ainsi tout un ensemble de savoir-faire techniques en vue de créer des écosystèmes de substitution et de développer des modalités de gestion de ces écosystèmes, ainsi restaurés ou créés[16]. Sur ce principe, de nombreuses carrières sont devenues des zones humides de substitution, ou ont été réaménagées à des fins ludiques.

---

16. http://www.unicem.fr/wp-content/uploads/gestion-et-amenagement-ecologiques-des-carrieres.pdf (consulté le 30 mars 2017).

La mise en scène de la diversité biologique : la nature jardinée

Des idées émergent, comme celle du Jardin planétaire de Gilles Clément, qui propose « une relation homme-nature où l'acteur privilégié – ici le jardinier, citoyen planétaire – agit localement au nom et en conscience de la planète ». Il considère qu'il existe une infinité de jardinages intégrant la complexité du monde vivant à la diversité des situations politiques et sociales. Une utopie peut-être, mais une utopie constructive, proche du scénario de la « mosaïque adaptative » décrite par l'Évaluation des écosystèmes pour le millénaire.

Les jardins, ces milieux de nature artificiels créés et gérés par l'homme, ont accompagné l'histoire de l'humanité. Le jardin repose sur la conjonction d'éléments relevant de la nature (végétation, eau, pierre, terre, etc.) et d'éléments artificiels (terrassements, plantations, bassins, etc.). Il conjugue donc nature et artifice, et il est l'archétype d'un univers ordonné au sein d'un monde qui, lorsque les jardins sont apparus, appartenait au sauvage et au chaos.

Le jardin médiéval était clos. Il était conçu pour protéger les cultures des animaux ou des maraudeurs, mais représentait également, dans la symbolique chrétienne, une métaphore du paradis perdu et à venir, lieu d'harmonie entre l'homme et la nature. L'eau était bien sûr présente, sous la forme d'une fontaine, souvent centrale, d'où partaient des canaux pour l'irrigation.

Le jardin à la française, travaillé, taillé, géométrisé, est le reflet d'une représentation de la nature basée sur le postulat d'une nature maîtrisée par la science. Il nous offre le plaisir, avant tout esthétique, de contempler une nature maîtrisée, plus vraie que nature… Le plus impressionnant est celui du château de Versailles créé par Le Nôtre. Par la prolifération de fleurs, de vergers, d'arbustes, de plantes exotiques et de statues de dieux grecs, le promeneur se trouve dans un lieu mythologique et de puissance.

Le jardin à l'anglaise s'oppose au jardin à la française, il puise son inspiration dans la poésie, la peinture et l'art des jardins. Déstructuré, il est conçu comme une nature plus réelle que la nature. Ce n'est pas une nature spontanée, mais une nature recréée donnant l'image de la spontanéité. Le jardinier devient paysagiste en créant de l'artifice avec l'apparence du naturel ; les murs, les haies sont éliminés au profit de bosquets, rivières, lacs, ponts, etc. Il s'agit d'offrir des vues et des sensations différentes en fonction de l'heure ou de la saison. Le traitement de l'eau, dormante ou jaillissante, joue un rôle primordial dans l'organisation des jardins, en structurant l'espace, en modulant les jeux de lumière, et en apportant de la fraîcheur.

Avec la révolution industrielle, c'est la grande époque des jardins publics. Haussmann aménagera le bois de Vincennes et le bois de Boulogne. De larges allées seront ouvertes, bordées de bancs, de platanes et de marronniers ; des kiosques à musique, des restaurants y seront implantés. On pourra également se perdre dans une nature complètement reconstituée avec ponts, grottes, lacs, fossés offrant des points de vue particuliers. Dans la seconde moitié du XIXᵉ siècle naissent également les jardins d'artistes, dont le plus connu est le jardin de Giverny où vécut Claude Monet pendant quarante-trois ans.

L'art du jardin n'est pas trivial. Il suppose une bonne connaissance des lieux, des plantes, des animaux qui vont peupler le jardin et interagir entre eux. En ce sens, la pratique de l'ingénierie écologique devrait se rapprocher de celle des jardiniers. Mais les jardins n'ont guère intéressé les écologues, trop focalisés sur la recherche des lois de la nature dans des sites moins artificialisés. De nouveau, on constate l'existence de deux mondes, de deux expériences parallèles qui cohabitent sans aucune interaction : un monde académique qui s'intéresse à la théorie, aux espaces supposés naturels, et un monde du jardinage, plus pratique, plus finalisé sur des espaces fortement anthropisés. Dire que l'un snobe l'autre serait peut-être excessif, mais on sait combien les scientifiques ont tenu à prendre leurs distances avec les savoirs populaires...

Le parc du Chemin de l'île, à Nanterre

Situé au confluent du Grand Axe et de la Seine, face à l'île Fleurie, le parc du Chemin de l'île, d'une superficie de 14 ha, appartient à la nouvelle génération des parcs urbains : ludique et écologique, il se compose de grands espaces libres, à la fois aires de jeux, de détente familiale et de promenade. Côté fleuve, le parc redonne toute sa place à la Seine qui le borde. Dans le parc, la nature reconstituée est ordinaire et variée, pour permettre une « gestion différenciée » du site. Graminées, plantains, pissenlits, carottes sauvages servent ainsi autant à l'ornementation des prairies qu'à nourrir les nombreux animaux, insectes et oiseaux qui peuplent le parc. Les essences, ordinaires et diversifiées, ont été plantées pour une meilleure résistance aux saisons et aux maladies. L'eau y tient une place privilégiée, tant sur le plan paysager qu'environnemental.

De la biomanipulation à l'écologie de synthèse

Ceci nous amène à réfléchir sur une thématique émergente, la biologie de synthèse, qui est, de manière schématique, l'ingénierie de la biologie. Elle vise à concevoir de manière rationnelle des systèmes complexes basés sur le vivant, ou inspirés du monde vivant, et dotés de fonctions jusqu'ici absentes dans la nature. Ne peut-on élargir le propos et penser que le jardinage est peut-être aussi une écologie de synthèse ? Le jardinier expérimenté (de même que l'agriculteur) sait quelles plantes peuvent coexister et lesquelles sont antagonistes. Il sait diversifier les plantations pour réduire les risques liés aux ravageurs.

Dans les jardins, on associe des espèces qui viennent de différents horizons et qui n'auraient probablement pas eu la moindre chance de cohabiter sans l'intervention de l'homme. Ces « nouveaux écosystèmes » fonctionnent généralement avec l'aide de l'homme. Reste à savoir, bien entendu, comment ils fonctionneraient sans intervention humaine, et quelles propriétés nouvelles ces systèmes peuvent développer. À titre d'exemple, le cas de la moule zébrée est assez illustratif dans ce domaine. Dans les grands lacs nord-américains, l'introduction de ce mollusque d'eau douce d'origine européenne a d'abord été considérée comme négative pour l'écosystème. Mais cette espèce, qui a une grande capacité de filtration de l'eau, a fortement contribué à améliorer la transparence de l'eau des grands lacs, luttant ainsi contre l'eutrophisation, ce qui est maintenant perçu très positivement par les riverains (Limburg *et al.*, 2010). La naturalisation de la moule zébrée a donc introduit une nouvelle fonction dans l'écosystème.

Après tout, nos systèmes écologiques sont déjà constitués pour partie d'espèces qui se sont progressivement bien intégrées dans des systèmes écologiques en place. Et ces systèmes fonctionnent. Doit-on considérer que la situation est définitivement gelée et s'interdire d'introduire d'autres espèces que nous jugerions utiles ?

Quelle diversité biologique voulons-nous ? Qui décide ?

Vous avez certainement noté que le terme « biodiversité » est utilisé le plus souvent dans un sens général. On regrette la perte de biodiversité… ou au contraire on se réjouit d'une augmentation de la biodiversité, sans préciser de quoi il s'agit. En pratique, quand on parle d'impact sur la biodiversité, cela concerne le plus souvent quelques groupes végétaux et quelques groupes animaux emblématiques, tels que les oiseaux et les mammifères en milieu terrestre, ou les poissons en milieu aquatique. Bien évidemment, c'est une vision très sélective de la diversité biologique, qui mobilise des groupes militants structurés et actifs : les botanistes, les ornithologues et les pêcheurs. La convention Ramsar pour la protection des zones humides, par exemple, ne concernait à l'origine que la protection des oiseaux d'eau, et elle reste très centrée sur ces derniers. On n'y parle guère de la faune planctonique ni de la faune benthique (sauf les libellules), et à peine des poissons.

Mais ce qui est bon pour les oiseaux ou les poissons est-il bon pour la diversité biologique en général ? Pas facile de répondre simplement à cette question. Certes, pour protéger oiseaux et poissons, il faut protéger des habitats… On protège donc également la flore et la faune associées. Mais il y a des espèces qui ne sont pas étroitement liées à ces groupes de référence et qui occupent d'autres habitats. Ainsi, dans l'excitation autour de la continuité écologique des cours d'eau, on va recréer, peut-être, des conditions favorables à la migration et à la reproduction de quelques espèces de poissons, mais on va simultanément se priver d'une flore et d'une faune d'eau calme qui prolifèrent dans les retenues. Qui s'en soucie ? Les amphibiens, par exemple, préfèrent en général les milieux stagnants aux milieux courants. Ils abondaient dans les mares qui parsemaient autrefois les prairies pour abreuver le bétail. On les a supprimées pour les remplacer par des abreuvoirs, plus hygiéniques… avec de grandes conséquences sur les effectifs de certaines espèces aquatiques, telles que salamandres et tritons. En voulant supprimer les seuils et les retenues pour rétablir une continuité écologique, on supprimera encore des biotopes favorables aux amphibiens et à bien d'autres espèces. Mais on fait rarement cet exercice de prospective chez les promoteurs du dogme de la continuité écologique ! On en reste à une écologie sectorielle, celle de quelques poissons migrateurs, alors qu'il faudrait mettre en œuvre une écologie systémique.

Quand on modifie l'habitat, on gagne et on perd. Mais ce n'est pas toujours négatif. Ainsi, la création de réservoirs n'est pas toujours vécue comme une « catastrophe écologique », à l'exemple du lac du Der-Chantecoq devenu une grande zone de passage des oiseaux migrateurs. La protection des oiseaux de zone humide a pris le pas sur la préservation d'une faune d'oiseaux de bocage sans que personne apparemment ne s'en plaigne. Mais peut-on dire pour autant que c'est mieux ? Qui est qualifié pour le dire et sur quelle base ?

On se trouve néanmoins confronté à des situations un peu kafkaïennes pour appliquer les mesures compensatoires. C'est le cas des zones qui seraient détruites par la construction de l'aéroport de Notre-Dames-des-Landes. Si l'on suit le Sdage Loire-Bretagne, ces compensations devraient se traduire par la « recréation ou restauration de zones humides équivalentes sur le plan fonctionnel et de la qualité de la biodiversité ». Or, dans les zones concernées, et dans la perspective de la réalisation de ce projet, depuis plus de cinquante ans, les agriculteurs ont maintenu des pratiques agricoles extensives, alors que dans les bassins-versants environnants, l'intensification de l'agriculture a modifié significativement les habitats. En résumant, les habitats et les espèces des zones à compenser correspondent à ce qui existait au moment où les terres ont été gelées en prévision de la construction de l'aéroport. Ce ne sont évidemment pas des systèmes naturels vierges, mais bien des systèmes agricoles, donc anthropisés, que l'on entend compenser. Ce qui signifie, en poussant le raisonnement, qu'il faudrait recréer les conditions de l'agriculture des années 1950 pour compenser les zones destinées à être transformées… Qu'on apprécie ou pas la construction de cet aéroport, ce qui n'est pas le sujet ici, l'application de la loi pose des problèmes quasi insurmontables (De Billy *et al.,* 2015) !

Une autre catégorie d'organismes suscite bien des émois : les espèces introduites qui se naturalisent et qui prolifèrent, que l'on qualifie alors d'invasives. Je ne m'étendrai pas sur cette question qui a donné lieu à bien des mises au point (Tassin, 2014). Mais je voudrais attirer l'attention sur l'ibis sacré, un bel exemple de schizophrénie scientifique et médiatique. Dans les années 1990, cet oiseau d'origine africaine s'est échappé d'un parc ornithologique de la côte atlantique. Selon les principes de la biologie de la conservation, il aurait fallu, dès l'origine, éradiquer les individus échappés. Il n'en fut rien. L'ibis sacré, espèce en danger en Égypte, s'est bien adapté au climat atlantique, au point que son effectif a rapidement atteint plusieurs milliers d'individus. Des naturalistes intégristes ont alors demandé l'éradication de l'ibis sacré en métropole, arguant qu'il mange, à l'occasion, des poussins et des œufs d'espèces d'oiseaux patrimoniales (sternes, guifettes). D'autres scientifiques tout aussi compétents ont vivement contesté ces affirmations, et regretté qu'on ne mette pas en avant les aspects positifs de l'ibis sacré, qui consomme des espèces à problèmes telles que l'écrevisse de Louisiane, et qui est bien perçu par le public (Marion, 2013).

Sous la pression des intégristes, des autorisations de destruction ont été données par certains départements, mais pas par tous. Une campagne d'éradication a été lancée en mai 2008 à l'initiative des préfectures de Loire-Atlantique, du Morbihan et de Vendée. Des citoyens s'y sont opposés au nom de l'éthique (le droit de vivre pour toute espèce) ou de l'esthétique (on ne peut tuer un si bel oiseau.). Un collectif s'est créé, intitulé Collectif pour la protection de l'ibis de Bretagne, et la campagne d'éradication a fait rapidement l'objet de recours. Le collectif dénonce notamment la pression exercée par quelques naturalistes auprès des préfets pour obtenir des autorisations de tir, sans aucun débat public bien entendu ! On est en effet loin des principes de la gouvernance…

L'affaire a suscité de vifs débats. En juillet 2008, *Ouest-France* titrait « L'éradication houleuse de 1 500 ibis sacrés ». En 2014, l'ONCFS[17] fait état de nombreux oiseaux abattus et de centaines d'œufs stérilisés, réduisant d'autant le nombre de couples nicheurs en France. Nous sommes sur la bonne voie pour éradiquer cette espèce en danger par ailleurs, que certains ont décrété indésirable sur des bases dogmatiques qui consistent notamment à maintenir à tout prix l'existant.

L'histoire de l'ibis sacré n'est pas unique. Depuis 2010, la bernache du Canada, espèce allochtone longtemps protégée, est devenue indésirable en métropole. Elle

---

17. http://www.oncfs.gouv.fr/IMG/pdf/Bilan_nidification_ibis_sacre_2013.pdf (consulté le 30 mars 2017).

occasionnerait des dégâts aux cultures ! Mais, et peut-être surtout selon certaines mauvaises langues, ses défections polluent les plages et les lieux de baignade !

De manière générale, les espèces allochtones ont mauvaise presse et font l'objet de toute l'attention des milieux conservationnistes, qui ne parlent que d'éradication. Un vain mot le plus souvent, car une espèce qui s'installe et se naturalise devient difficile à éradiquer. Certaines sont mêmes considérées comme bienvenues par le public, à l'exemple de la palourde japonaise.

Il ne s'agit pas de minimiser les problèmes posés par certaines espèces invasives, ni de les nier. Les parasites, notamment, peuvent créer des problèmes économiques, écologiques ou de santé publique parfois graves. On connaît les conséquences de l'introduction d'écrevisses américaines sur les populations d'écrevisses européennes. On connaît aussi les ravages que font les parasites de palmiers importés avec des sujets malades, sur la flore méditerranéenne. Mais on mesure aussi les difficultés rencontrées pour contrôler les populations de ces espèces indésirables. Avec le changement climatique, nous devons nous attendre à ce que de nouvelles espèces s'installent en métropole. Allons-nous établir un contrôle aux frontières et décréter la guerre ? Par ailleurs, avec la trame verte et bleue que certains appellent de leurs vœux, nous offrons aux espèces invasives de véritables autoroutes...

Et si on redonnait la parole aux citoyens et aux acteurs de terrain ?

Le débat sur la biodiversité est actuellement monopolisé par des mouvements environnementalistes, les technocrates/gestionnaires des organisations nationales européennes et internationales, et les scientifiques. Mais les citoyens et les acteurs opérationnels de la gestion du territoire, dont les agriculteurs en particulier, sont peu mobilisés. L'implication de ces différents acteurs dans la gestion de notre patrimoine naturel a donné lieu à de très nombreuses réflexions, notamment de la part des sciences sociales et politiques. Je ne suis pas suffisamment compétent pour développer cette thématique complexe, mais je peux brièvement émettre un point de vue d'écologue, probablement un peu naïf, sur ces questions.

Les agriculteurs sont, nous l'avons vu, des acteurs incontournables de la gestion de la diversité biologique. Ce sont eux qui ont façonné nos paysages, qui l'ont en partie modifié, et qui ont encore un rôle majeur à jouer dans leur entretien... ou leur disparition ! Si l'élevage est en perte de vitesse, le bocage ou les alpages ne seront plus entretenus. Or la tendance actuelle du grand public, alimentée par les médias, est de critiquer la profession agricole, notamment l'agriculture intensive, accusée de polluer et de détruire les paysages. Bien entendu, il y a eu des excès en tous genres et tous les agriculteurs n'ont pas la fibre environnementale ! Dont acte. Mais on peut se poser la question suivante : les agriculteurs ne sont-ils pas des boucs émissaires destinés à masquer d'autres activités peu recommandables, en particulier l'extension de l'urbanisation et les pollutions urbaines ou dues aux transports ?

De fait, la profession agricole est déjà soumise à une pression considérable de la réglementation pour préserver l'environnement. Et un certain nombre de mesures dites agri-environnementales ont déjà porté leurs fruits, même si on peut regretter que ce soit encore insuffisant. Rappelons, par exemple, l'obligation de créer des bandes enherbées entre les champs et les cours d'eau ou les fossés, ainsi que le programme Écophyto. Mais la loi Biodiversité va beaucoup plus loin encore, en remettant en cause le droit de propriété au nom d'un intérêt collectif, la protection de la biodiversité. Les agriculteurs, propriétaires de la terre, y sont traités comme de simples exécutants d'une oligarchie technocratique qui décide de ce qui est bon ou mauvais pour la biodiversité... sur des bases dont nous avons vu dans cet ouvrage qu'elles pouvaient être très contestables ! C'est là le cœur du problème. Il n'y a pas une vérité que détiendrait une oligarchie auto-proclamée détentrice du savoir, mais des situations compliquées qui nécessitent de faire des choix ayant de nombreuses implications tant environnementales que sociales. La loi ne cherche pas à mobiliser le secteur agricole autour d'objectifs environnementaux partagés, mais au contraire parle surtout de contraintes et de répression.

Un phénomène peu visible, mais qui semble bien plus général qu'on ne l'imagine, est la prédisposition de beaucoup d'agriculteurs à ouvrir leur espace de production à des usages récréatifs, par l'aménagement de structures paysagères et par leurs pra-tiques de culture et d'élevage. Ils créent ainsi une offre récréative non marchande qui contribue au bien-être des populations et à l'attractivité des territoires. Y. Le Caro s'interroge alors sur le rôle effectif que pourrait jouer l'agriculteur dans la gestion de la fonction récréative de son espace de vie et de travail (Le Caro, 2012) qui contribue à l'attractivité des territoires et au bien-être des populations. Au-delà de l'exigence de critères d'éco-conditionnalité auxquels sont soumis les agriculteurs (démarche de type répressif), n'est-il pas possible d'envisager aussi des critères de socio-conditionnalité, sur la base de l'accessibilité des exploitations au public (démarche de type responsabi-lisation), et de rémunérer ce service rendu ?

Dans la logique de ce que j'ai développé précédemment, il faut en effet encourager à la fois des initiatives locales, et la valorisation de la diversité biologique *via* de nou-veaux usages. Ainsi, l'agriculture des Alpes du Nord est essentiellement orientée vers la production de produits de qualité dans le cadre de filières territorialisées (beaufort, reblochon...) et vers des systèmes d'exploitation fondés sur la valorisation des surfaces en herbe. Pour beaucoup d'agriculteurs, la diversité des prairies est un facteur impor-tant qui conditionne la qualité des fourrages, mais aussi des fromages. L'initiative de Prairies fleuries, qui connaît un succès certain mais limité, illustre la possibilité de trouver un terrain d'entente entre agriculteurs et environnementalistes (voir encadré ci-après). On ne parlera pas ici de l'agroécologie, ni des diverses initiatives en matière d'agriculture de précision et autres, mais elles vont toutes dans le sens d'une meilleure qualité de vie. Le train est en marche, il faut l'encourager notamment par la promo-tion de ces initiatives, et mettre pour cela un sérieux bémol à la litanie des critiques.

Les agriculteurs ne sont pas les seuls concernés par la gestion du territoire et de la diversité biologique, d'autant que beaucoup d'entre eux sont aussi chasseurs. La chasse a également mauvaise réputation dans les milieux conservationnistes, pourtant les fédérations de chasseurs ont beaucoup contribué à organiser la gestion du gibier et de ses habitats, ainsi qu'à développer une éthique de la chasse (Tendron, 2017). On pourrait citer également les pêcheurs sportifs qui, depuis longtemps, jouent un rôle de sentinelle dans le domaine aquatique (Lévêque, 2016).

Prairies fleuries

Un concours des Prairies fleuries a été créé en 2010, à l'initiative des parcs nationaux et des parcs naturels régionaux. Il est inscrit au Concours général agricole depuis 2014. Les prairies fleuries sont des herbages riches en espèces, non semés, qui sont fauchés ou pâturés pour nourrir le bétail. « La diversité floristique contribue directement à la production en élevage, avec un fourrage apprécié des animaux. Elle contribue aussi à la qualité des paysages et à la préservation de la biodiversité, en favorisant la présence d'oiseaux, de reptiles, de petits mammifères et d'insectes, notamment ceux qui assurent la pollinisation (abeilles mellifères, pollinisateurs sauvages) et la protection naturelle des cultures[18]. »
Ce concours présente deux perspectives intéressantes. D'une part, il crée des contacts et encourage le dialogue entre professionnels de l'agriculture, écologues, citoyens, élus locaux, secteur touristique. D'autre part, les agriculteurs y trouvent un avantage car le concours, qui met à l'honneur la « qualité » des prairies, favorise la promotion des produits des agriculteurs inscrits dans une démarche de valorisation de leur production à travers des labels. On retrouve ici l'idée que la protection de la biodiversité doit s'inscrire dans une démarche dont les acteurs comprennent l'utilité, notamment au travers d'usages renouvelés.

Quant au citoyen, on lui donne peu la parole malgré le fait que l'on parle de participation du public à la gouvernance. Les enquêtes réalisées par les collègues des sciences sociales, rarement diffusées, montrent que ses attentes ne sont pas toujours les mêmes que celles des mouvements conservationnistes, alors que ces derniers prétendent le représenter ! Le citoyen est soumis à un matraquage médiatique très orienté, par exemple sur l'érosion de la biodiversité, sur les méfaits des espèces invasives, sur les pollutions ou encore sur les OGM. Il est abreuvé de récits catastrophes concernant l'impact de l'homme, mais lui, il vit dans un milieu qu'il a contribué à construire et qui souvent lui convient, même s'il ne répond pas aux critères des conservationnistes. D'ailleurs, on mobilise les sciences sociales non pas pour faire remonter les attentes, mais sur la question de l'acceptabilité par le citoyen de mesures que l'on envisage de prendre… Est-ce cela que l'on appelle la concertation ?

Quoi qu'il en soit, tous les citoyens ne sont pas indifférents à la diversité biologique. Les sciences dites participatives, par exemple, sont des programmes de collecte d'informations grâce à la participation du public dans le cadre d'une démarche scientifique. Elles constituent un outil de mobilisation citoyenne, et sont le fait d'initiatives associatives et publiques, notamment en faveur de la diversité biologique. Il est loin le temps où, jeune étudiant, je baguais des oiseaux en liaison avec le Centre de recherche par le baguage des populations d'oiseaux du Muséum national d'histoire naturelle. Nous n'étions guère nombreux, à cette époque. Aujourd'hui, une première approche d'observation participative de la biodiversité a vu le jour pour les ornithologues en 1989 avec le Suivi Temporel des Oiseaux Communs (Stoc), coordonné par le MNHN. En 2006 fut lancé le premier observatoire ouvert au grand public. De nos jours, il existe près de 200 projets en France, pour la faune et la flore, pour les espèces terrestres et marines, etc. Par ailleurs, l'intérêt pour la photo nature se développe.

---

18. http://www.concours-agricole.com/prairies/documents/site/fiche_cga_pf_pour_sia.pdf (consulté le 30 mars 2017).

« Légitimes pour organiser, arbitrer, mettre en œuvre, distribuer les moyens, bref pour décider, les institutions, lieux de pouvoir, sont réticentes à laisser une part d'initiative aux communautés d'acteurs pour formuler les problèmes et imaginer des solutions… la reconnaissance par les instances décisionnelles de lieux de débats citoyens est au cœur de la démocratie. »

François Papy, Nicole Mathieu, Christian Ferault (dir.) (2012).

Écoland, ou la mise en scène de la nature ?

Si nous nous accordons sur le fait que la nature, en Europe tout au moins, est un produit hybride soumis à différentes contraintes de nature physique, biologique et sociale, qu'il y a plusieurs types de représentations de la nature et d'attentes de la part des individus, que l'on peut envisager, dans une certaine mesure, de piloter la nature pour la faire évoluer en fonction de ces attentes, peut-on imaginer de faire la synthèse d'un monde qui réponde à tous ces critères ? Une utopie bien évidemment. Rêvons un peu…

Donc « yaka » gérer la nature pour qu'elle réponde à l'image que nous nous en faisons : à la fois lieu de production et lieu de repos, de loisir, d'émerveillement, de rêveries, de ressourcement. Mais pensons également à la sécuriser car on ne tolère plus le risque, sauf à boire de l'alcool, à fumer, à se droguer…

Yaka aménager les berges des fleuves et des lacs, car l'eau fascine, avec toutes les commodités et les sécurités qui permettent de pique-niquer l'esprit tranquille dans un cadre bucolique, sans être importunés par les nuisances et les dangers éventuels. Et, dans la foulée, créons des espaces de naturalité (ou qui en ont l'apparence), à l'exemple des marais aménagés dans des parcs urbains pour répondre aux aspirations récréatives des citadins, qui apprécient d'y trouver une « nature sauvage » donnant l'impression d'évasion, mais sécurisée. Une « vraie » nature dans laquelle volent des oiseaux et des papillons.

Pour les espèces qui peuvent être dangereuses, ou encombrantes, yaka les parquer dans des réserves, sous surveillance. Nous irons les visiter de temps en temps pour nous faire peur, admirer leur port altier, célébrer les créations de la nature, revenir avec des photos souvenirs de ces dangereuses expéditions. Ne retrouve-t-on pas, dans une certaine mesure, ce type de relation dans les parcs animaliers paysagés développés en périphérie des villes, où les citadins peuvent circuler en voiture comme dans les safaris africains ?

Et puis, pourquoi pas, valorisons certaines régions défavorisées en matière de développement par la création de réserves intégrales (ou presque), pour satisfaire les citoyens qui considèrent que, pour sauver la nature et les hommes, il faut lui laisser des espaces de liberté sans l'homme. Yaka les aménager avec des caméras permettant d'observer dans de bonnes conditions, sur des écrans géants, les espèces que l'on ne voit que de loin, pour ne pas les déranger, disent les spécialistes.

Yaka payer les agriculteurs pour entretenir les paysages, et maintenir au moins dans certaines zones (on n'est pas contre la production agricole) les paysages ruraux et patrimoniaux qui nous sont tellement familiers et qui attirent les touristes, créateurs d'emplois. Développons aussi les parcs et jardins, et créons en ville ou dans ses alentours des espaces « re-naturés », où l'on met en scène de nombreuses espèces exotiques importées, pour lesquelles on ne se pose pas la question de savoir si elles risquent de s'échapper et de « polluer » notre diversité biologique autochtone et patrimoniale, que l'on cherche à protéger à tout prix par ailleurs.

On aurait ainsi, à la manière de l'écologie des paysages, une forme de patchwork de natures « naturelles » mais entretenues, dans une matrice de milieux plus ou moins urbanisés ou à usages agricole et forestier, ces « taches » étant si possibles mises en réseau par la trame verte et bleue qui permet, dit-on, aux espèces de circuler librement, y compris ces invasives que certains redoutent tant !

Yaka donc ? Mais à peine parle-t-on d'aménagements que les contestations fleurissent.

Chapitre 10

Essayons de résumer

« Surtout ne pas conclure. Résister à la tentation du dernier mot, ce trait tiré en bas de pages accumulées. Rejeter ce désir de clôture qui rassure en croyant tout rassembler. Se détourner de cette boucle qui s'imagine pouvoir refermer le cercle de la démonstration. Nature-objet, nature-sujet, nature-projet : après la thèse et l'antithèse, la synthèse. »

François Ost (1995).

Boris Cyrulnik (2007) nous dit qu'en psychosociologie les individus se répartissent le long d'un axe. À l'une des extrémités se situent les individus qui tendent à penser qu'ils sont les acteurs de leur développement et qu'ils peuvent maîtriser leur devenir. Ce sont ceux qui explorent le monde, inventent de nouvelles technologies, des idées nouvelles. À l'autre extrémité, il y a ceux qui pensent que nous ne sommes pas là par hasard et qu'il existe une force extérieure, que l'on peut qualifier de grand architecte, qui nous gouverne. Ceux-là se sentent tranquillisés par le fait que notre voie est tracée, que l'ordre règne, que l'on peut distinguer le bien et le mal, ce qu'il faut faire et ne pas faire. Les premiers considèrent qu'il y a une forme de liberté en nous, alors que les seconds s'accordent d'une forme de soumission sécurisante. Toutes les religions font appel à la soumission. Quand ces deux conceptions s'affrontent, le conflit se joue sur le terrain des sentiments, et non pas sur le terrain de la raison. D'où cette forme de haine entre évolutionnistes et créationnistes[19].

Ce constat est particulièrement pertinent dans le domaine de la nature et de la biodiversité, dans lequel une grande partie des oppositions tient au fait de considérer que le monde est ou non en équilibre. Nous sommes culturellement marqués par ce concept qui nous vient de la physique (Lévêque *et al.*, 2010), alors qu'un regard sur le passé nous montre que les sociétés comme la nature changent en permanence. Si on croit en l'équilibre, on admet implicitement que la nature est immuable, et qu'il existe un état de référence qu'il nous faut retrouver dans les projets de restauration.

---

19. Cyrulnik va plus loin… pour être un bon scientifique, il faudrait se trouver dans le camp des imaginatifs, faire de nouvelles hypothèses sur la manière dont le monde fonctionne. Il y a là une forme de jeu où l'on érotise l'inconnu car la découverte est excitante, où l'on prend le risque de se tromper… Mais quand l'effet tranquillisant s'installe, sous la forme d'une école de pensée par exemple, alors la science se transforme vite en idéologie. Cette dernière peut devenir délirante, coupée du réel sensible, ou bien s'effondrer. L'histoire des idées scientifiques, conclut-il, est un cimetière de théories.

Tout projet d'aménagement qui modifie l'ordre établi est alors considéré comme une transgression. Si on croit que la biodiversité est dynamique et évolue en permanence, il faut admettre au contraire que le futur est incertain, et qu'il n'y a pas de repère fixe auquel se référer. Il faut donc nous adapter en permanence aux changements, en fonction de nos attentes et de nos besoins. Je vois venir la critique… il ne s'agit pas pour autant de faire n'importe quoi, car nous pouvons nous reposer sur nos systèmes de valeurs pour borner l'espace des possibles.

Les frontières ne sont pas toujours étanches entre ces deux paradigmes car, de manière un peu schizophrène, beaucoup font le constat que le changement est une réalité, tout en se référant néanmoins à la notion d'équilibre des systèmes écologiques en matière de gestion. Cet équilibre des systèmes fut même un paradigme fondateur de la science écologique, avec celui de compétition. Mais l'idée de changement est associée à celle d'un futur incertain et à la peur de l'inconnu. Cette peur que des groupes sociaux n'hésitent pas à activer inconsidérément pour tenter de nous endoctriner.

Quoi qu'il en soit, il est évident que le système agropastoral qui constitue à nos yeux d'Européens la référence à la nature est mis en danger par des pratiques d'agriculture intensive, ainsi que par l'utilisation des terres pour l'urbanisation, qui mite le paysage. La mosaïque d'habitats qui avait été créée au cours des siècles tend à s'estomper, avec la suppression des haies, notamment. Et la disparition de certains usages et des pratiques qui leur sont associées, contribue également à créer des systèmes indifférenciés. On peut être nostalgique de nos paysages passés, mais la véritable question à se poser, dans un monde où le contexte climatique ainsi que les usages des systèmes écologiques sont en cours de changement, reste : quelles natures voulons-nous (Lévêque et Van der Leeuw, 2003) ? Compte tenu de nombreuses contraintes, tant climatiques que sociales, la question se pose aussi en ces termes : quelles natures aurons-nous ? Un compromis probablement entre nos rêves et la réalité du terrain. Autrement dit, la biodiversité relève autant de l'attente des citoyens et de leurs représentations de la nature (la nature perçue), que de l'écologie scientifique (la nature-objet). À moins d'éradiquer l'homme de la surface de la Terre, il faut admettre que nous devons rechercher des compromis entre une nature supposée vierge et une nature entièrement sous contrainte. En d'autres termes, « il ne s'agit donc pas de privilégier la nature au détriment de l'homme, mais bien de travailler à rendre compatibles usages et préservation des écosystèmes » (Astee, 2013).

Il pourrait exister un consensus assez général sur le fait de vouloir vivre dans un environnement idéalisé : pas de pollutions, une bonne gestion des ressources naturelles, une nature bien protégée et accueillante, etc. La nature est pour beaucoup une valeur refuge (le sain, le beau, le sublime) en regard des dégradations dont elle fait l'objet et du stress de la vie urbaine. Qui n'a jamais été tenté par ce mythe d'une humanité harmonieuse, entretenant de bonnes relations avec une nature paradisiaque, dans laquelle on occulterait toutes les espèces qui dérangent et tous les ennuis du quotidien ? Mais la réalité est tout autre, et la nature, dans notre société moderne, est devenue un lieu d'affrontements économiques, sociaux et idéologiques. Le diable réside dans les différentes représentations que chacun se fait de la nature et des objectifs à atteindre en matière de protection. Il est difficile, en effet, de trouver des terrains d'entente entre des groupes sociaux qui cherchent des compromis entre les dynamiques naturelles et les usages de la biodiversité par les sociétés humaines, et d'autres groupes sociaux, bien ancrés dans leurs croyances et leurs idées reçues, pour qui la nature doit être préservée des exactions de l'homme.

Sans compter que la question de la conservation de la nature et de la biodiversité est le plus souvent abordée par des mouvements militants, ou des intellectuels et des technocrates qui dissertent de manière redondante sur la nature et développent des visions hors-sol, théoriques ou idéologiques, sur ce qu'elle devrait être. Ce faisant, on marginalise l'opinion et l'attente des citoyens qui en vivent ou pour qui elle est un cadre de vie (la nature vécue). Il en résulte des politiques de conservation basées parfois sur des idées reçues, voire sur des concepts erronés, en décalage avec la société. Il est de bon ton de pratiquer l'homo-*bashing*, dans une société qui refuse par ailleurs le moindre risque. Et pourtant… si l'impact de l'homme sur la nature peut faire l'objet de bien des critiques, la nature que nous aimons, en France métropolitaine, est bien le système agropastoral que plusieurs générations de paysans ont créé et entretenu pendant des siècles.

La thèse que je défends dans cet ouvrage est simple : la diversité biologique en France métropolitaine doit tout autant aux hommes qu'aux processus spontanés. Notre nature de référence, c'est le milieu rural d'avant la dernière guerre, avec ses bocages et sa polyculture. Nos sites emblématiques de nature sont eux aussi des systèmes anthropisés, à l'exemple de la Camargue, du lac du Der, ou de la forêt de Tronçais. Ce que nous appelons « nature » est donc une nature patrimoniale, hybride, qui s'est construite au fil du temps depuis la fin de la dernière période glaciaire, en fonction des opportunités de recolonisation des terres devenues plus accueillantes, et de l'usage des systèmes écologiques par nos sociétés. Les hommes ont ainsi transformé les habitats et introduit certaines espèces, et d'autres espèces sont arrivées spontanément, car l'Europe est aussi une terre de reconquête pour la diversité biologique.

Sur un autre plan, la nature n'est ni bonne ni mauvaise, mais on la perçoit comme telle. Certaines ONG nous vendent l'image d'une nature bucolique, victime innocente des activités humaines. Mais les citoyens savent bien que la nature est aussi une source importante de désagréments et de nuisances. Nous avons depuis longtemps lutté contre les « humeurs » de la nature, et pratiquer l'omerta dans ce domaine est un déni de réalité. On ne peut pas continuer à aborder la question de la conservation de la biodiversité sans prendre en compte ce volet que les citoyens n'ignorent pas et qui explique souvent leurs comportements.

Partant de ce constat, on ne peut plus parler de nature vierge ou sauvage en Europe, mais de nature co-construite (Blandin, 2009). Nous n'avons plus affaire à des écosystèmes au sens écologique du terme, mais à des anthroposystèmes (Lévêque et Van der Leeuw, 2003), dans lesquels les dynamiques sociales interfèrent avec les processus spontanés. On ne peut plus parler non plus de systèmes à l'équilibre, puisque la dynamique de ces anthroposystèmes s'inscrit sur des trajectoires temporelles, sans retour possible. La question lancinante est de savoir comment gérer cet héritage patrimonial, dans un environnement naturel et social qui bouge en permanence.

La tendance forte en matière de protection est de vouloir conserver l'existant, de figer le présent par des mesures de protection qui, pour certaines, excluent l'homme.

Pourquoi pas, mais on sait que, pour protéger l'existant, il ne suffit pas d'exclure l'homme. Bien au contraire, il faut maintenir l'ensemble des conditions climatiques et sociales nécessaires à la sauvegarde de la biodiversité patrimoniale. C'est d'ailleurs une pratique assez courante. Or le climat change et il est difficile d'y remédier, même si on peut regretter que l'homme en soit, au moins en partie, responsable. Les usages et pratiques en matière d'utilisation des ressources naturelles changent également, ainsi que les attentes des citoyens vis-à-vis de la nature. La protection de la nature *sensu stricto*, par mise en réserve et qui peut se justifier à court terme, est donc un exercice délicat, sinon impossible sur le long terme, car il se heurte à la réalité du changement global.

L'alternative serait d'accepter le changement et de l'accompagner en essayant de piloter, dans les limites du possible, les trajectoires de nos systèmes anthropisés. Mais cela suppose tout d'abord que l'on accepte l'idée de changement et des incertitudes qu'il entraîne. Or ce changement est difficilement prévisible, car les systèmes écologiques et sociaux ne sont pas entièrement déterministes, n'en déplaise à ceux qui trouvent intérêt à nous faire croire le contraire. Ce sont des systèmes où l'aléatoire, le hasard, la conjoncture, jouent un rôle éminent. Ce qui veut dire qu'accompagner le changement dans ces systèmes dynamiques nécessite des suivis réguliers et des réajustements permanents. Cela veut dire également qu'on ne peut figer et corseter la protection de la biodiversité par des lois qui reposent, elles aussi, sur un supposé état normatif. Si nous sommes amenés à légiférer sur le vivant, nous devons rester modestes, car les trajectoires des systèmes écologiques sont difficilement prédictibles. Il faut donc accepter une part d'incertitudes et la possibilité de se tromper dans le pilotage !

Il faut surtout élargir le cercle de la réflexion, et dépasser la vision sectorielle de la conservation pour la resituer dans une perspective systémique, sans la transformer en procès à charge contre l'homme, mais en considérant également les *success-stories*. Car l'homme n'a pas eu que des impacts négatifs sur la biodiversité, et nous en avons de nombreuses preuves autour de nous. Si l'on veut progresser, il faut aussi prendre en compte et valoriser ce rôle « positif » de l'homme. Cette démarche systémique s'accompagne le plus souvent d'une réflexion prospective, non pas pour prévoir l'avenir, mais pour réfléchir aux implications possibles de certains projets que l'on souhaite mettre en place, et essayer de réduire les incertitudes. C'est de cette manière que l'on pourra envisager des actions sans regrets, sans aucune certitude néanmoins quant au succès de ces opérations.

En définitive, l'écologue que je suis ne peut rester indifférent aux arguments utilisés par les mouvements conservationnistes qui s'appuient, en partie tout au moins, sur des concepts flous, sur des idées reçues et sur l'utilisation sélective des informations. Parfois même sur la désinformation. La science n'a pas pour vocation de dire ce qu'il faut faire, ni de décider à la place des citoyens. Mais elle a le devoir de bien l'informer en fonction des connaissances du moment, et de lui fournir des éléments de réflexion les plus factuels possibles. Elle a aussi le devoir de dire aux citoyens, quand c'est nécessaire, qu'on les trompe. C'est ce que j'ai essayé de faire dans cet ouvrage, où j'ai essentiellement parlé de la situation en métropole car l'approche de la biodiversité est conjoncturelle, et ce qui se passe en Amazonie n'a pas nécessairement de pertinence chez nous. La globalisation et l'amalgame, pourtant allègrement pratiqués, masquent les réalités locales qu'il est indispensable de connaître quand on veut agir avec pertinence.

Quant au citoyen que je suis, il ne peut manquer de s'interroger sur ce grand capharnaüm qu'est la protection de la nature et la gabegie qu'elle suscite (Morandi *et al.*, 2014). Sur la multiplication de projets dits de restauration, inconsistants dans leur définition et leurs objectifs, qui ne se préoccupent pas de savoir s'ils donnent les résultats escomptés, en l'absence de suivi, l'important étant de donner l'impression d'agir. Sur la contestation systématique de tout projet d'aménagement. Sur la privatisation, de fait, de la nature par des groupes militants, au nom d'une certaine idée de la nature. Sur l'absence de concertation avec les citoyens de manière générale et la mainmise d'une administration technocratique et jacobine sur ces questions qui, pour beaucoup, doivent se traiter par la concertation dans le contexte local. Tout devrait être dans la nuance, avec comme guide principal le bon sens[20] qui reste, en fin de compte, le meilleur juge de paix. Mais, de toute évidence, on n'en est pas là !

Deux mots sur ma discipline, l'écologie scientifique, sur laquelle j'ai porté un regard critique (Lévêque, 2013). Contrairement à certains collègues, je ne pense pas que l'on puisse concilier démarche scientifique et engagement militant. Un écologue engagé perd son esprit critique pour le mettre au service d'une cause, et il y a alors un véritable conflit d'intérêts. Cela se manifeste par l'adhésion implicite aux discours des mouvements militants, et le peu de réactions aux propos médiatiques de certaines cassandres. L'écologie doit, dans toute la mesure du possible, rester neutre, et les écologues avoir l'humilité de reconnaître que la complexité du monde qu'ils abordent ne leur permet pas de donner des réponses précises et définitives aux questions qui nous sont posées. Le monde vivant, contrairement au monde physique, ne fonctionne pas comme une horloge, et le fonctionnement des systèmes écologiques n'est qu'en partie, en partie seulement, déterministe.

Cela ne nous empêche pas, dans le cadre de l'écologie systémique, et compte tenu des connaissances acquises, de réfléchir aux avantages et inconvénients, de certaines mesures ou de certains projets. Pas dans une démarche qui consiste, comme pour les espèces invasives, à ne rechercher que les preuves à charge, mais dans une démarche ouverte, de type coûts/avantages. C'est cette information que nous devons fournir au citoyen, avec l'objectif de rechercher les meilleurs compromis. On excelle à dresser une longue liste de catastrophes qui peut être utile pour éviter leur répétition, mais il faudrait de la même manière dresser la liste, au moins aussi longue, des *success-stories*. Si certains utilisent la peur pour promouvoir leurs idées, je pense au contraire que faire valoir les exemples réussis d'une coévolution homme-nature peut nous offrir de bonnes pistes pour envisager le futur, et remotiver des citoyens trop souvent déboussolés par l'avalanche des catastrophes.

Oui, l'homme fait partie de la nature, et il est un des acteurs de sa dynamique.

> « Nous devons nous reposer la question de notre inscription, non pas uniquement dans la nature mais avec la nature. Nous ne devons plus chercher une séparation, ce fameux moment où l'on serait passé du monde de la nature au monde de la culture ou au social ; nous ne pouvons plus faire comme si, dans le monde de la nature, il n'y avait pas de social. »
>
> Pascal Dibie (2007).

---

20. Bon sens : capacité de distinguer le vrai du faux, d'agir raisonnablement. (*Larousse*). Capacité de bien juger, sans passion (*Le Robert*).

Ce poème avait été écrit en 2013 pour Suzanne Mériaux, afin de la remercier de m'avoir fait don de ses recueils de poèmes.

La Biodiversité

Elle est source de ravissements
D'émotions, d'émerveillements.
Elle s'empare de tous nos sens
On aime son incandescence,
On la brasse à plein poumons,
On héberge les vagabondes,
Elle peuple nos jardins secrets.
Comment résister à ses charmes
Elle nous promet de si beaux mondes
Elle qui en a tant connu…

Depuis le temps…

On la capture on la torture
On la tripote on la triture
On la soumet à la question
Quels secrets détient-elle donc ?
Est-ce l'élixir de jouvence
De nos rêves d'éternité ?
La vie en a connu d'autres,
Elle a défié les éléments,
Elle se rit de nos instruments.

Depuis le temps…

On la regarde avec défiance,
Elle nous promet parfois la mort.
En silence elle déploie ses armes,
Qui feront couler bien des larmes.
Nous épuisons nos munitions,
Contre des cohortes d'insectes.
Les bactéries en rangs serrés
Attendent le moment propice.
Saura-t-elle nous mettre à genoux ?
Elle a l'éternité devant elle
Et nous sommes tellement pressés !

Depuis le temps…

Références bibliographiques

Aggeri G., 2004. La nature sauvage et champêtre dans les villes : origine et construction de la gestion différenciée des espaces verts publics et urbains. Le cas de la ville de Montpellier, thèse de doctorat, Sciences of the Universe, Engref (AgroParisTech), 329 p.

Agreste Primeur, 2011. L'utilisation du territoire en 2010. Les paysages agricoles dominent toujours le territoire français. *Agreste Primeur*, (260).

Agreste Primeur, 2014. Utilisation du territoire en France métropolitaine. Moindres pertes de terres agricoles depuis 2008, après le pic de 2006-2008. *Agreste Primeur*, (313).

Arnould, P., 1999. Les forêts industrielles (Landes, Sologne). *In : Les sources de l'histoire de l'environnement, le XIXᵉ siècle* (A. Corvol, ed.), éditions L'Harmattan, Paris.

Arnould, P., Marty P., Simon L., 2002. Deux siècles d'aménagement forestier : trois situations aux marges méridionales de la France. *ERIA*, (58), 251-267.

Aspe C., Jacqué M., Gilles A., 2014. Irrigation canals as tools for climate change adaptation and fish biodiversity management in Southern France. *Regional Environmental Change*, doi:10.1007/s10113-014-0695-8.

Astee, 2013. Ingénierie écologique appliquée aux milieux aquatiques. Pourquoi ? Comment ? http://www.astee.org/production/ingenierie-ecologique-appliquee-aux-milieux-aquatiques-pourquoi-comment/ (consulté le 30 mars 2017).

Athanaze P., 2014. *Le retour du sauvage*, éditions Buchet-Chastel, Paris, 128 p.

Aubertin C. (dir.), 2005. *Représenter la nature ? ONG et biodiversité*, IRD éditions.

Barley N., 2016. *Un anthropologue en déroute*, éditions Payot et Rivages, Paris, 272 p.

Barthod C., 2010. Le retour du débat sur la wilderness. *Rev. For. Fr.*, 62(1), 57-70.

Beisel J.-N., Lévêque C., 2010. *Les introductions d'espèces dans les milieux aquatiques. Faut-il avoir peur des invasions biologiques ?*, éditions Quæ, Versailles, 248 p.

Bernard J.-L., 2016. *Biocontrôle*. Rapport de l'Académie d'agriculture de France.

Blandin P., 2009. *De la protection de la nature au pilotage de la biodiversité*, éditions Quæ, Versailles, 124 p.

Boivin N.L. et al., 2016. Ecological consequences of human niche construction: Examining long-term anthropogenic shaping of global species distributions, *PNAS*, 113 (23), 6388–6396. Traduction sur le site : http://www.hydrauxois.org/2016/06/200-millenaires-de-nature-modifiee-par.html (consulté le 30 mars 2017).

Borsari A., 2011. Analyse du fantasme de retour à la nature et mise en lumière des structures archaïques de l'imaginaire contemporain (Europe occidentale), https://tel.archives-ouvertes. fr/tel-00561450/ (consulté le 30 mars 2017).

Bouisset C., Degrémont I., 2013. Construire un patrimoine naturel : valeurs (de société) contre critères (officiels) ? L'exemple de hauts lieux montagnards pyrénéens. *VertigO – la revue électronique en sciences de l'environnement*, hors-série 16.

Bronner G., 2003. *L'Empire des croyances*, éditions PUF, Paris, 281 p.

Bronner G., 2013. *La démocratie des crédules*, éditions PUF, Paris, 360 p.

Bruckner P., *Le Fanatisme de l'Apocalypse*, éditions Grasset, 2011.

Casetta E., 2014. Évaluer et conserver la biodiversité face au problème des espèces. *In : La biodiversité en question* (Casetta E., Delors J., eds.), éditions Matériologiques, Paris, p. 139-154.

Chevassus-au-Louis B., 2015. Changements climatiques et biodiversité : comment construire des stratégies sans regrets ? *Humanité et biodiversité.*

Copp G.H. *et al.*, 2005. To be, or not to be, a non-native freshwater fish? *Journal of Applied Ichthyology*, 21, 242-262.

Corlett R.T., 2015. The Anthropocene concept in ecology and conservation. *Trends in Ecology et Evolution*, 30(1), 36-41.

Corthier G., Leverve K., 2014. *Le microbiote, ces bactéries qui nous font du bien*, éditions Knoe, Paris.

Cottet-Tronchère M., 2010. La perception des bras morts fluviaux : le paysage, un médiateur pour l'action dans le cadre de l'ingénierie de la restauration. Approche conceptuelle et méthodologique appliquée aux cas de l'Ain et du Rhône. Thèse université Lyon III, 361 p.

Cyrulnik B., 2007. Et si la vie devait tout au hasard ? *Science et Vie*, (1079).

Davis M. *et al.*, 2011. Don't judge species on their origins: Conservationists should assess organisms on environmental impact rather than on whether they are natives. *Nature*, 474, 153–154.

De Billy V. *et al.*, 2015. Compenser la destruction de zones humides. Retours d'expérience sur les méthodes et réflexions inspirées par le projet d'aéroport de Notre-Dame-des-Landes (France). *Nat. Sci. Soc.*, 23 (1), 27-41.

Deiner K. *et al.*, 2016. Environmental DNA reveals that rivers are conveyer belts of biodiversity information, *Nature Communications*, 7, 12544. doi:10.1038/ncomms12544.

Delord J., 2014. La biodiversité : imposture scientifique ou ruse épistémologique ? *In : La biodiversité en question* (Casetta E., Delors J., eds.), éditions Matériologiques, Paris, p. 83-116.

Demesure B., Musch J., 2001. L'évolution de la forêt française après la dernière glaciation : l'apport de la palynologie, l'archéologie et de la biologie moléculaire. *Agriculture et biodiversité des plantes, dossiers de l'environnement de l'Inra*, (21).

Depeau S., 2006. De la représentation sociale à la cognition spatiale et environnementale : la notion de « représentation » en psychologie sociale et environnementale. *RESO*, (25).

Dérioz P., Neboit-Guilhot R., Renard J., 1996. Des paysages ruraux fragiles et des paysages en mutation. *In : Les Français dans leur environnement* (R. Neboit-Guilhot, L. Davy, eds.), éditions Nathan, Paris.

Descola P., 2005. *Par-delà nature et culture*, éditions Gallimard, 640 p.

Devin, S. *et al.*, 2005. Patterns of biological invasions in French freshwater systems by non-indigenous macroinvertebrates. *Hydrobiologia*, 551, 137-146.

Dewarumez J.M., Gevaert F., Massé C., Foveau A., Grulois D., 2011. *Les espèces marines animales et végétales introduites dans le bassin Artois-Picardie*. UMR CNRS 8187 LOG et Agence de l'eau Artois-Picardie, 140 p.

Dibie P., 2007. Réenchanter le monde : comment penser l'écologie aujourd'hui. *In : La perception de la nature de l'Antiquité à nos jours*. Actes du colloque du 7 décembre 2007, p. 65-70.

Donadieu P., 1998. Des sciences écologiques à l'art du paysage. *Courrier de l'environnement de l'Inra*, (35).

Dornelas M. *et al.*, 2014. Assemblage Time Series Reveal Biodiversity Change but Not Systematic Loss. *Science*, 344, 296.

Dutoit T., Alard D., 1995. Mesures agri-environnementales et conservation des pelouses sèches : premier bilan en Seine-Maritime. *Courrier de l'environnement de l'Inra*, (25), 63-70.

Duvat V., 2012. *Ces îles qui pourraient disparaître*, éditions Le Pommier, Paris, 191 p.

Fonderflick J., Lepart J., Caplat P., Debussche M., Marty P., 2010. Managing agricultural change for biodiversity conservation in a Mediterranean upland. *Biological Conservation*, 143, 737-746.

Forêt méditerranéenne, 2011. Compte-rendu de la réunion de préparation de Foresterranée 11, groupe de travail n° 2 : usages, pratiques et biodiversité, 17 mars 2011, CRPF Montpellier.

Foucault A., 2010. Extinction des mammouths et changement climatique. *In : Changements climatiques et biodiversité* (Barbault R., Foucault A., eds.), éditions Vuibert, Paris, 282 p.

Frady B., Medail F., 2006. *Peut-on préserver la biodiversité ?*, éditions Le Pommier, Les Petites Pommes du savoir.

Fuhr M., Brun J.J., 2010. Biodiversité, naturalité, humanité – Pour inspirer la gestion des forêts ». Compte-rendu de colloque (Chambéry, 27-31 octobre 2008). *Natures Sciences Sociétés*, 18, 67-69.

Gaucherel C., 2013. *Le quotidien du chercheur. Une chasse aux fantômes ?*, éditions Quæ.

Gherardi F., Gollasch S., Minchin D., Olenin O., Panov V., 2009. Alien invertebrates and fish in European inland waters. *DAISIE Handbook of alien species in Europe*. Springer, 81-92.

Gonzalez A. *et al.*, 2016. Estimating local biodiversity change: a critique of papers claiming no net loss of local diversity. *Ecology*, 97 (8), 1949-1960.

Gosselin F., 2014. Diversité du vivant et crise d'extinction : des ambiguïtés persistantes. *In : La biodiversité en question* (Casetta E., Delors J., eds.), éditions Matériologiques, Paris, p. 119-137.

Gould S.J., 1991. *La vie est belle. Les surprises de l'évolution,* éditions du Seuil, Paris.

Gould S.J., 2006. *Structure de la théorie de l'évolution,* éditions Gallimard, Paris, 2048 p.

Granjou C., 2015. *Sociologie des changements environnementaux. Futurs de la nature,* éditions ISTE, 190 p.

Guérin P., Romanens M., 2015. http://eco-psychologie.com/recherche/la-relation-hommenature/ (consulté le 30 mars 2017).

Guichard-Anguis S., Héritier S., 2009. *Le patrimoine naturel : entre culture et ressource,* éditions de L'Harmattan, Paris.

Guilaine J. (dir.), 2004. *Aux marges des grands foyers du Néolithique,* éditions Errance, Paris.

Guillaume J., 2010. *Ils ont domestiqué plantes et animaux : prélude à la civilisation,* éditions Quæ, Versailles, 464 p.

Hervieu B., 2012. Préface. *In : Nouveaux rapports à la nature dans les campagnes* (F. Papy, ed.), éditions Quæ, Versailles, 192 p.

Hobbs R.J., Higgs E., Harris J.A., 2009. Novel ecosystems: implications for conservation and restoration. *TREE.*

Hobbs, R.J., Higgs E.S., Hall C.M., 2013. *Novel ecosystems: intervening in the new ecological world order.* John Wiley & Sons, Chichester, UK. http://dx.doi.org/10.1002/9781118354186 (consulté le 30 mars 2017).

Holling C.S., 1973. Resilience and stability of ecological systems. *Annual Review of Ecology and Systematics,* (4), 1-23.

Hugoni M. *et al.,* 2013. Structure of the rare archaeal biosphere and seasonal dynamics of active ecotypes in surface coastal waters, *Proceedings of the National Academy of Sciences USA.*

Huybens N., 2011. *La forêt boréale, l'éco-conseil et la pensée complexe. Comprendre les humains et leurs natures pour agir dans la complexité,* Éditions universitaires européennes, 208 p.

Insee, la France et ses territoires, 2015. Fiche 2. La hiérarchie des villes en France métropolitaine sur trente ans : stabilité globale et reclassements. *Insee références.*

Kalaora B., 2007. La mise sur orbite planétaire de la nature. La nature qui relie ou qui délie. *In : L'émergence des cosmopolitiques* (J. Lolive, O. Soubeyran, eds), éditions La Découverte, Paris, 245-258.

Kalaora B., Larrère G.R., 1989. Les sciences sociales et les sciences de la nature au péril de leur rencontre. *In : Du rural à l'environnement. La question de la nature aujourd'hui* (N. Mathieu, M. Jollivet, eds), éditions Association des ruralistes français, Paris.

Lachiver M., 1991. *Les années de misère. La famine au temps du Grand Roi,* éditions Fayard, Paris, 574 p.

Laubier L., 2004. La marée noire de l'*Erika* : conséquences écologiques et écotoxicologiques. Bilan d'un programme de recherche. *Natures Sciences Sociétés,* 12, 216-220.

Laurens Y., 2014. Comment peut-on être économiste de la biodiversité ? *La revue d'humanité et biodiversité,* 1, 91-101.

Lawton J., 1999. Are there general laws in ecology? *Oikos*, 84, 177-192.

Le Caro Y., 2012. Les agriculteurs et le partage de l'espace agricole pour des usages récréatifs. *In : Nouveaux rapports à la nature dans les campagnes* (F. Papy, ed.), éditions Quæ, Versailles, 101-117.

Le Floch S., Devanne S., 2003. Qu'entend-on par fermeture du paysage ? *Convention-cadre gestion des territoires*, Cemagref/DNP.

Le Perchec S., Guy P., Fraval A. (dir.), 2001. Agriculture et biodiversité des plantes. *Dossiers de l'environnement de l'Inra*, (21).

Lecomte J., 1999. Réflexions sur la naturalité. *Le Courrier de l'environnement de l'Inra*, 37, 5-10.

Lecomte T., 2016. L'élevage en zone humide : un service à la collectivité sous-payé ? *Zones humides infos*, (90-91), 14.

Lehtonen H., 2002. Alien freshwater fishes of Europe. *In: Invasive aquatic species of Europe. Distribution, impacts and management* (Leppäkoski E., Gollasch S., Olenin S., eds.), éditions Kluwer Academic Publisher, Dordrecht (Netherlands), 153-161.

Lepart J., Marty P., Fonderflick J., 2011. Dynamique des paysages agropastoraux des Causses et biodiversité. *Fourrages*, 208, 343-352.

Lepart J., Marty P., Fonderflick J., 2010. Naturalité ou biodiversité ! Quels enjeux de conservation, quels modes de mise en œuvre ? *In : Biodiversité, naturalité, humanité, pour inspirer la gestion des forêts* (D. Vallauri, J. André, J.C. Génot, J.P. De Palma, R. Eynard-Machet, eds.), éditions Tec et Doc, Paris, 73-80.

Lévêque C., 2008a. *Faut-il avoir peur des introductions d'espèces ?* éditions Le Pommier, Les Petites Pommes du savoir, Paris.

Lévêque C., 2008b. *La biodiversité au quotidien. Le développement durable à l'épreuve des faits*, éditions Quæ, Versailles, 304 p.

Lévêque C., 2013. *L'écologie est-elle encore scientifique ?* éditions Quæ, Versailles, 144 p.

Lévêque C., 2016. *Quelles rivières pour demain ? Réflexions sur l'écologie et la restauration des cours d'eau*, éditions Quæ, Versailles, 290 p.

Lévêque C., Mounolou J.C., Pavé A., Schmidt-Lainé C., 2010. À propos des introductions d'espèces. *Études Rurales*, 185, 219-234.

Lévêque C., Muxart T., Abbadie L., Weil A., Van der Leeuw S., 2003. L'anthroposystème : entité structurelle et fonctionnelle des interactions sociétés-milieux. *In : Quelles natures voulons-nous ?* (C. Lévêque, S. Van der Leeuw, eds.), éditions Elsevier, Paris, 110-129.

Lévêque C., Van der Leeuw S. (eds.), 2003. *Quelles natures voulons-nous ? Pour une approche socioéconomique du champ de l'environnement*, éditions Elsevier, Paris.

Limburg K.E., Luzadis V.A., Ramsey M., Schulz K.L., Mayer C.M., 2010. The good, the bad, and the algae: Perceiving ecosystem services and disservices generated by zebra and quagga mussels. *Journal of Great Lakes Research*, 36, 86-92.

Linné C. von, 1972 (trad. française). *L'Équilibre de la Nature*, éditions Vrin.

Lizet *et al.*, 1999. Sauvages dans la ville. *JATBA*, 39 (2).

Locey K.J., Lennon J.T., 2016. Scaling laws predict global microbial diversity. *PNAS USA*, 113(21), 5970-5.

Luginbuhl Y., 1999. Perception paysagère des espaces en déprise et des boisements spontanés des terres agricoles, *Ingénieries – EAT*, 25-29.

Luginbuhl Y., 2012. *Mise en scène du monde. Construction du paysage européen*, éditions CNRS, 2012.

Mace G.M., 2014. Whose conservation ? *Science*, 345.

Marion L., 2013. L'ibis sacré est-il une menace réelle pour la biodiversité ? Étude à long terme de son régime alimentaire en zone d'introduction comparativement à son aire d'origine. *C. R. Biologies*, 336 (4), 207-220.

Mathevet R., Bousquet F., 2014. *Résilience, environnement. Penser les changements socioécologiques*, éditions Buchet-Chastel, Paris, 176 p.

Mathieu N., Jollivet M. (dir.), 1989. *Du rural à l'environnement. La question de la nature aujourd'hui*, éditions L'Harmattan, Paris, 354 p.

Medde, 2012. Vulnérabilité des milieux aquatiques et de leurs écosystèmes. Étude des zones humides. *Explore 2070 Eau et changement climatique.*

Melin, H., 2011. La culture, terreau de la nature. La création du Parc national des Calanques entre labellisation naturelle et marquage culturel. *DDT*, 2 (2), http://developpementdurable. revues.org/8957 (consulté le 30 mars 2017).

Mermet L., 1995. Les infrastructures naturelles : statut, principe, concept ou slogan ? *Zones humides infos*, (7), 7-9.

Mermet L., 2005. Étudier des écologies futures. Un chantier ouvert pour les recherches prospectives environnementales. *P.I.E.-Peter Lang, EcoPolis*, 5.

Micoud A., 2002. Moment social, moment écologique. L'homme est-il de trop dans la nature ?, conférence du 19 décembre 2002.

Micoud A., 2005. La biodiversité est-elle encore naturelle ? *Écologie et politique*, 30, 17-25.

Morandi B., Piegay H., 2011. Les restaurations de rivières sur Internet : premier bilan. *Nature, Sciences, Sociétés*, 19(3), 224-235.

Morandi B., Piégay H., Lamouroux N., Vaudor L., 2014. How is success or failure in river restoration projects evaluated ? Feedback from French restoration projects. *Journal of Environmental Management*, 137, 178-188.

Morera R., 2011. *L'assèchement des marais*, éditions Presses universitaires de Rennes, 266 p.

Morin E., 1999. *Relier les connaissances*, éditions du Seuil.

Morin E., 2006. L'incertitude fondamentale. *L'actualité Poitou-Charente*, 71, 20-21.

Moscovici S., 1972. *La société contre nature*, Union générale d'éditions, Paris, 381 p.

Moscovici S., 2002. *De la nature, pour penser l'écologie*, éditions Métailié, Paris, 280 p.

Mostajir B., Amblard C., Bu an-Dubau E., De Wit R., Lensi R., *et al.*, 2012. Les réseaux trophiques microbiens des milieux aquatiques et terrestres. *In : Écologie microbienne, microbiologie des milieux naturels et anthropisés* (J.-C. Bertrand *et al.*, eds.), éditions Presses universitaires de Pau et des Pays de l'Adour, Pau, 28.

Nougarède, O., 1995. Discours sur la Grande Lande. Archéologie de la constitution et de la transmission d'un patrimoine d'écrits idéologiques sur la mise en valeur des Landes de Gascogne du xviiie au xxe siècle, éditions de l'Inra, Ivry.

Oberdorff T., Guegan J.F., Hugueny B., 1995. Global scale patterns of fish species richness in rivers, *Ecography*, 18 (4), p. 345-352.

Ost F., 1995. *La nature hors la loi*, éditions La Découverte, Paris, 350 p.

Papy F., Mathieu N., Ferault C. (dir.), 2012. *Nouveaux rapports à la nature dans les campagnes*, éditions Quæ.

Pascal M. *et al.*, 2003. Évolution holocène de la faune de vertébrés de France : invasions et extinctions, https://inpn.mnhn.fr/docs/inventaires/rapport.pdf (consulté le 30 mars 2017).

Pascal M., Lorvelec O., 2005. Holocene turnover of the french vertebrate fauna. *Biological Invasions*, 7, 99-106.

Pascal M., Lorvelec O., Vigne J.D., 2006. *Invasions biologiques et extinctions : 11 000 ans d'histoire des Vertébrés en France*, éditions Belin et Quæ, Paris, 350 p.

Pavé A., 2007. *La nécessité du hasard. Vers une théorie synthétique de la biodiversité*, éditions EDP Sciences, Paris, 186 p.

Pavé A., 2011. http://www.alain-pave.fr/une-aventure-scientifique-et-humaine/

Perrein C., 1993. Histoire de l'entomologie et biohistoire. *La lettre de l'Atlas entomologique régional* (Nantes), 2, 15-16.

Personnic S., Duhamel S., Bettarel Y., Sime-Ngando T. et Jacquet S., 2006. Les virus planctoniques : un compartiment biologique clé des milieux aquatiques. *Courrier de l'environnement de l'Inra*, 53,19-34.

Picon B., 1996. Du bon usage de la menace. Chronique des représentations de la nature en Camargue. *Études rurales*, 141, 143-156.

Plan national d'action en faveur des plantes messicoles, version provisoire 4, juillet 2011. http://www.fcbn.fr/sites/fcbn.fr/files/ressource_telechargeable/brochure_messicoles_fev_2015_page_a_page_bd.pdf

Raoult D., 2010. *Dépasser Darwin*, éditions Plon.

Schneider M.K., 2014. Gains to species diversity in organically farmed fields are not propagated at the farm level. *Nature Communications 5*, (4151).

Schnitzler A., Génot J.C., Wintz M., 2008. Espaces protégés : de la gestion conservatoire vers la non-intervention. *Courrier de l'environnement de l'Inra*, (56), 29-43.

Tabacchi A.M., Tabacchi E., 2006. Espèces exotiques et zones riveraines : du pire au meilleur ? *Zones humides infos*, (8), 51-52.

Taberlet P., Fumagalli L., Wust-Saucy A.G., Cossons J.F., 1998. Comparative phylogeography and postglacial colonization routes in Europe. *Mol. Ecol.*, (7), 453-464.

Tamisier A., 1990. Camargue. Milieux et paysages. Évolution de 1942 à 1984. *Arcane 1990*, Arles, carte en couleur au 1/80 000ᵉ.

Tassin J., 2014. *La grande invasion. Qui a peur des espèces invasives ?* éditions Odile Jacob, Paris, 216 p.

Tendron G., 2017. *Éthique de la chasse*. Académie d'Agriculture de France.

Thévenot J., 2014. Liste de référence des espèces de vertébrés introduites en France métropolitaine élaborée dans le cadre de la méthodologie de hiérarchisation des espèces invasives, rapport d'étape n° 1, http://spn.mnhn.fr/spn_rapports/archivage_rapports/2014/SPN%202014%20-%2041%20-%20Elaboration_des_listes_vertebres_09.10.14.pdf (consulté le 30 mars 2017).

Van Looy K. *et al.*, 2016. Long-term changes in temperate stream invertebrate communities reveal a synchronous trophic amplification at the turn of the millennium. *Science of The Total Environment*, 565, 481-488.

Wagner W., 1994. Fields of research and socio-genesis of social representations: a discussion of criteria and diagnostics. *Social Science Information*, 33 (2), 199-228.

Willerslev E., 2014. Fifty thousand years of Arctic vegetation and megafaunal diet. *Nature*, 506, 47–51.

En couverture : © Ewald Fröch/Fotolia #145529058

Mise en page et infographies : Paul Mounier-Piron

Dépôt légal : juin 2017

Imprimé pour vous par Books on Demand (Allemagne)

www.ingramcontent.com/pod-product-compliance
Lightning Source LLC
LaVergne TN
LVHW020949200726
843508LV00004B/1397